本项目研究受以下基金资助：
国家自然科学基金项目（71773031）
国家社会科学基金项目（17AGL018）

农业企业社会责任与
企业成长关系研究

李韵婷　著

中国农业出版社
北　京

前　言

农业企业是农业产业化经营的重要主体，在保障农产品供给、带动农户就业增收和推动农业经济发展等方面发挥着重要作用。在市场不确定、农业科技日新月异的环境下，农业产业抗风险能力弱、政策性强、资金需求多等特点突出，农业企业成长所暴露的问题或局限性也比一般企业明显。履行企业社会责任，获得利益相关者认同，积累企业声誉以及企业成长所需要的各种资源成为促进企业成长的重要手段，因此，农业企业的社会责任问题已经成为学术界关注的热点。然而，现有的关于企业社会责任的研究成果主要关注企业社会责任对财务绩效、企业价值和竞争优势的影响，缺乏从长期视角出发，也没有更多地考虑不同行业间企业社会责任内涵及其作用的差异，从而无法有效解释企业社会责任对企业的效用。

围绕上述问题，本书在总结相关领域研究成果的基础上，首先分析了国内农业企业生产经营的特性，然后结合农业多功能背景，以"金字塔模型"为基础概要总结国内农业企业社会责任的内涵及特点。接着将企业成长理论领域的资源基础观引入到农业企业社会责任效用的研究领域，构建"企业社会责任—资源—企业成长"分析框架，解释农业企业履行社会责任通过资源识别和资源获取两个环节影响企业成长。文章进一步讨论了企业社会资本在两者间的中介作用机理。最后，基于生命周期理论提出组织情境因素、基于新制度理论提出结构情境因素，分析两类因素对两者关系的作用机理。

实证过程包括两部分：统计调查研究和现有统计数据分析。首先，以41家农业上市公司为研究对象，收集整理2004—2013年连续10年农业上市公司的面板数据，建立变截距固定效应模型对企业社会责任与企业成长的关系，以及所属行业在其中的调节作用进行检验。然后，基于304家农业企业的调查问卷数据分析农业企业社会责任对企业成长的影响机制，尤其是企业社会资本在其中的中介作用；以及企业能力、成长阶段、制度压力的调节作用。

实证分析的结果发现：①农业企业社会责任内涵与一般企业有区别。对于农业企业而言，企业社会责任对企业成长有正向积极作用，社会责任的不同维度对农业企业成长的作用存在差异。②农业企业社会资本内涵和作用与非农企业不同。在农业企业情境下企业社会资本两个维度合为一维结构。社会资本对农业企业短期成长绩效和长期成长绩效都有显著的积极作用。③社会资本在农业企业社会责任与企业成长关系中起重要中介作用。④企业能力在企业社会责任与农业企业成长绩效之间具有正向调节作用，即企业能力越大，农业企业社会责任的效用越强。⑤企业成长阶段的差异会对企业社会责任与农业企业成长关系带来影响，具体而言，处于成熟期的农业企业社会责任对企业成长绩效的正向影响强度要高于新创期农业企业。⑥制度压力对企业社会责任与农业企业成长绩效之间具有正向调节作用，即农业企业感知的制度压力越大，企业社会责任的效用越强。⑦企业行业的差异，会对企业社会责任与农业企业成长关系带来影响，具体而言，加工型农业企业社会责任对企业成长绩效的正向影响强度要高于传统农业企业。

基于以上发现，本书进行了分析讨论并给出了对应的管理实践启示，试图为中国农业企业履行企业社会责任以及解决成长困难问题提供理论依据与实证支持。

目　　录

前言

第1章　绪论 ……………………………………………………… 1

1.1　问题提出 ………………………………………………… 1

1.2　研究意义 ………………………………………………… 3

1.3　研究内容与方法 ………………………………………… 5

1.3.1　研究内容 ………………………………………… 5

1.3.2　研究方法 ………………………………………… 6

1.4　结构安排与技术路线 …………………………………… 7

1.5　可能创新之处 …………………………………………… 10

第2章　文献综述 ………………………………………………… 11

2.1　农业企业概念研究 ……………………………………… 11

2.2　企业社会责任研究 ……………………………………… 15

2.2.1　企业社会责任概念研究 ………………………… 15

2.2.2　企业社会责任结果研究 ………………………… 17

2.2.3　农业企业社会责任研究 ………………………… 23

2.3　企业成长研究 …………………………………………… 28

2.3.1　企业成长概念研究 ……………………………… 28

2.3.2　企业成长决定因素研究 ………………………… 30

2.3.3　企业成长过程研究 ……………………………… 32

2.3.4　农业企业成长研究 ……………………………… 32

2.4　企业社会资本研究 ……………………………………… 35

2.4.1　企业社会资本概念研究 ………………………… 35

2.4.2 企业社会资本决定因素研究 ……………………… 37

2.4.3 企业社会资本结果研究 …………………………… 38

2.4.4 农业企业社会资本研究 …………………………… 39

2.5 简要评述 ……………………………………………… 42

第3章 理论模型 ………………………………………… 44

3.1 概念界定 ……………………………………………… 44

3.1.1 农业企业 …………………………………………… 44

3.1.2 农业企业社会责任 ………………………………… 46

3.1.3 农业企业成长 ……………………………………… 49

3.1.4 企业社会资本 ……………………………………… 49

3.1.5 企业能力 …………………………………………… 50

3.1.6 制度压力 …………………………………………… 50

3.2 理论假设 ……………………………………………… 50

3.2.1 基于资源基础观的分析框架 ……………………… 50

3.2.2 企业社会责任对农业企业成长的影响 …………… 52

3.2.3 企业社会责任对企业社会资本的影响 …………… 54

3.2.4 企业社会资本的中介作用 ………………………… 56

3.2.5 组织情境变量的调节作用 ………………………… 57

3.2.6 结构情境变量的调节作用 ………………………… 58

3.3 本章小结 ……………………………………………… 59

第4章 基于农业上市公司面板数据的实证分析 ………… 61

4.1 研究设计 ……………………………………………… 61

4.1.1 样本与数据来源 …………………………………… 61

4.1.2 企业社会责任的测量 ……………………………… 63

4.1.3 企业成长的测量 …………………………………… 67

4.1.4 模型构建 …………………………………………… 73

4.2 企业社会责任直接作用的检验 ……………………… 73

4.2.1 变量的描述性统计 ………………………………… 73

4.2.2 变量的单位根检验和协整检验 …………………… 76

　　　4.2.3　面板数据回归分析 ·· 78

　　4.3　行业变量调节作用的检验 ·· 80

　　　4.3.1　变量的描述性统计 ·· 81

　　　4.3.2　变量的单位根检验和协整检验 ································ 82

　　　4.3.3　面板数据回归分析 ·· 85

　　4.4　本章小结 ·· 89

第5章　基于农业企业调研数据的实证分析 ······················ 91

　　5.1　研究设计 ·· 91

　　　5.1.1　调研过程 ·· 91

　　　5.1.2　问卷与变量设计 ··· 92

　　　5.1.3　统计方法与分析思路 ·· 96

　　5.2　量表信度与效度检验 ·· 96

　　　5.2.1　探索性因子分析 ··· 96

　　　5.2.2　信度分析 ·· 101

　　　5.2.3　验证性因子分析 ··· 102

　　5.3　数据分析 ·· 108

　　　5.3.1　描述性统计分析 ··· 108

　　　5.3.2　方差分析 ·· 110

　　　5.3.3　相关分析 ·· 116

　　5.4　假设检验 ·· 117

　　　5.4.1　企业社会责任直接作用 ·· 117

　　　5.4.2　企业社会资本中介作用 ·· 119

　　　5.4.3　企业能力和制度压力调节作用 ································ 122

　　　5.4.4　成长阶段调节作用 ·· 127

　　5.5　本章小结 ·· 131

第6章　结论与展望 ··· 133

　　6.1　主要结论 ·· 133

　　6.2　实践启示 ·· 136

　　　6.2.1　企业层面的管理启示 ·· 136

6.2.2 政府层面的政策启示 ·················· 137

6.3 研究局限和未来研究方向 ·················· 138

6.3.1 研究局限 ·················· 138

6.3.2 未来可能的研究方向 ·················· 138

参考文献 ·················· 140

附录 A 初始问卷 ·················· 153

附录 B 正式问卷 ·················· 158

第1章 绪　　论

1.1　问题提出

农业企业，一般是指专业从事商业性农业生产及其相关活动，采用现代企业经营方式进行专业分工协作，并实行独立经营、自负盈亏的经济组织。农业企业是农业产业化经营的重要主体，在保障农产品供给、带动农户就业增收和推动农业经济发展等方面发挥着重要作用，尤以农业产业化龙头企业的作用最为突出。农业农村部统计数据显示：截至 2014 年 10 月，全国有龙头企业 12 万多家，实现年销售收入 7.9 万亿元，比 2013 年增长 14%；龙头企业的主要农产品原料采购总额占全国农林牧渔业总产值 1/3 以上，以龙头企业为主体的产业化组织辐射带动全国 60% 的农作物播种面积，带动全国 2/3 以上的畜禽饲养量，带动全国 80% 以上养殖水面；各类龙头企业拥有 87 万农业科技研发和技术推广人员，近 90% 的国家重点龙头企业都建有专门的研发中心[①]。实践证明，以龙头企业为首的农业企业已经成为我国农业生产和农产品市场供应的骨干力量，在解决"三农"问题、维护国家社会安稳等方面起着关键作用。

当前，国内外经济形势错综复杂，对农业企业成长带来深刻影响。一方面，农业企业和国内一般企业面临共同成长困境。相比国外成熟的市场经济与健全的制度规范，处于转型经济阶段的中国企业一直受到国家政策不确定性、产权保护不力等问题的困扰，导致国内企业的平均寿命短、竞争力普遍较低。普华永道在《2011 年中国企业长期激励调研报告》中指出中国中小企业的平均寿命仅有 2.5 年[②]。上海新沪商联合会与零点研究咨询集团的研究数据显示：以百分制为准，2014 年中国民营企业发展指数仅

---

① 数据来源：中华人民共和国农业农村部《陈晓华副部长在国家重点龙头企业负责人培训班上的讲话》http://www.moa.gov.cn/sjzz/jgs/jgdt/201411/t20141121_4247807.htm。

② 数据来源：新华网《普华永道调研报告称中国中小企业平均寿命 2.5 年》http://news.xinhuanet.com/fortune/2012-04-28/c_123052725.htm。

为 62.5①。另一方面，农业企业面临来自农业方面的成长挑战。由于农业产业抗风险能力弱、政策性强、资金需求多等特点，农业企业自身所暴露出的问题或局限性也比一般企业明显。日益加剧的农业资源环境约束、频发的农业自然灾害、动物疫情、传统粗放农业经营方式等问题越发制约着农业企业的健康成长。早年，中国农业第一股"蓝田股份"在上市后，企图通过多种融资手段，打破农业发展周期，实现农业的超常规发展。随后由于财物压力巨大，公司高层陷入财务造假，最终犯罪行为被揭发，股票于 2002 年 5 月退市。2014 年 1 月，浙江禽类养殖企业面临禽流感冲击，时任浙江省家禽协会会长屠有金表示：在这场风暴中，浙江省内约 30% 的禽类养殖企业面临倒闭或濒临倒闭②。

针对企业成长难问题，国内外学者早已开出"良方"：企业通过有效履行社会责任（CSR）获得成长。然而，由于国内企业家对社会责任认知不足、农业企业自身能力较弱等多方面的原因，农业企业履行社会责任的效果不尽人意。农产品安全关乎国计民生，中国农业企业无视社会责任的问题，对其自身发展是具有毁灭性的，同时还会带来恶劣的社会影响和巨大的社会成本。2009 年 2 月 12 日，拥有 53 年历史的石家庄三鹿集团股份有限公司因为管理不善，吸收了不法奶农掺加三聚氰胺的牛奶，全国爆发受污染三鹿牌婴幼儿奶粉事件，公司最终宣布破产。三鹿集团的"三聚氰胺事件"，使得消费者对国产乳业的信心持续下降，对国内乳制品行业造成巨大冲击。2013 年 6 月 4 日，总资产达 6 000 万元的吉林省德惠市吉林宝源丰禽业有限公司发生液氨泄漏爆炸事故，重大火灾导致 120 人遇难，企业毁于一旦③。实践证明，一旦农业企业只顾经济利益而忽视履行社会责任，必将会影响到企业自身长期生存和发展，甚至会对整个行业造成严重的影响。

农业企业如何履行企业社会责任成为国家、人民、农业企业家共同关注的话题。实践发现，政府监督、媒体舆论和消费者监督等外部环境变化是一个长期的过程，面对同样的外部环境，国内一些农业企业，如拥有 86 年历史的南京卫岗乳业有限公司能够通过有效履行社会责任，为企业扩张积累生产所需要

---

① 数据来源：凤凰财经网《2014 中国民营企业发展指数为 62.5 仍面临三大困境》http：//finance. ifeng. com/a/20140120/11508168_0. shtml。

② 数据来源：浙江新闻 2014 - 2 - 17《禽流感阴影下的家禽养殖业　浙江三成养殖企业面临倒闭》http：//zjnews. zjol. com. cn/system/2014/02/17/019861658. shtml。

③ 数据来源：新华网 2013 - 6 - 5《吉林德惠宝源丰禽业公司事故致 120 人死亡》http：//news. xinhuanet. com/2013 - 06/05/c_124811776. htm。

的资源，创造良好的成长环境，并据此保持良好的成长态势。如此看来，基于微观层面对农业企业履行社会责任的作用机理进行研究，所获得的研究成果或许比单纯关注农业企业的外部环境更具有实践价值。

关于社会责任和企业成长关系的研究一直是企业社会责任研究领域的热点话题。国外关于企业社会责任效果的研究大致可以分成三个阶段：第一阶段，从理论上提出社会影响假说、资金提供假说等几个重要假说，在实证上应用财务绩效、企业价值作为结果变量，通过上市公司或调研数据测试企业社会责任对这些结果变量的直接影响关系；第二阶段，引入利益相关者理论解释企业社会责任与竞争优势之间的关系，假定不同维度的企业社会责任对企业效用不同，并运用实证数据进行检验；第三阶段，假定企业社会责任通过间接作用对企业绩效产生影响，基于资源基础观理论，验证企业声誉、社会资本等变量在企业社会责任与企业绩效间非线性关系的中间作用。国外关于企业社会责任的研究一直以发达国家企业为研究对象，以发达国家市场结构为背景，得出的理论是否适合发展中国家仍需要做进一步实证检验。国内关于企业社会责任的研究尚处于初级阶段。国内学界专注一般企业社会责任效果以及企业社会责任的影响因素。但是，仅仅从大样本角度谈论企业社会责任对企业成长的作用机理是不完善的，因为它忽视了在不同情境中，利益相关者对企业需求的差异，所以，讨论企业社会责任的作用离不开特定的情境假设。

有鉴于此，本书专注于农业企业社会责任内涵及其效果。从资源基础观视角，以上市公司和企业调研数据为基础，研究特定行业中企业社会责任与企业成长之间关系，重点探讨以下三个问题：①企业社会责任与农业企业成长之间是否存在传导机制？关注农业企业和非农企业社会责任的内涵差异，同时关注不同维度社会责任对农业企业成长作用差异。②企业社会责任如何影响企业成长？试图从社会资本角度，探究农业企业社会责任对企业成长的影响机制。③企业社会责任与企业成长之间的传导机制是否受到企业内外部情境因素的影响？关注农业企业组织情境特性（企业能力、成长阶段）和企业结构情境特性（制度压力、所属行业）在企业社会责任与企业成长关系中是否发挥调节作用，即探究提升农业企业社会责任效果的内外部条件。

1.2 研究意义

本书以国内农业企业为研究对象，原因在于农业企业的社会责任行为对解决当前中国的食品安全问题、解除农业企业成长困境等问题具有重要的作用。在农产品安全备受关注的背景下，农业企业社会责任研究得到一定的重视，但还没有提升到理论层面。因此，本书对农业企业履行社会责任行为及其效果进行研究具有一定的理论意义和现实价值。

（1）理论意义

本书在一定程度上推动关于特定行业企业社会责任分类研究的理论进展，从而丰富和完善了企业社会责任的研究体系。具体而言，第一，重新界定农业企业及农业企业社会责任概念。相关概念的清晰界定是研究的起点和基础，一直以来，学术界对于农业企业以及企业社会责任概念的界定没有达成一致的认识，争议不断。本书基于农业企业的产业特点等对农业企业社会责任的内涵进行界定，为厘清特定行业企业社会责任的概念提供理论思路。第二，揭示了企业社会责任对农业企业成长的作用机理。由于已有研究缺乏对特定行业企业社会责任的特征、作用机理的关注。本书通过定性和定量相结合的方式，对农业企业社会责任的作用机制进行探究。第三，分析了企业社会责任与农业企业成长关系间的作用条件。

另外，本书在一定程度上也推动了特定行业企业成长分类研究的理论进展，进而丰富了中国情景下企业成长的研究体系。具体而言，第一，有效界定农业企业成长概念。本书基于农业多功能性对农业企业及农业企业成长概念进行界定，有助于厘清农业企业与非农业企业成长的差异特征。第二，对企业社会资本对农业企业成长作用机制等进行探究，为研究中国农业行业情境下企业成长提供一个较新的视角。

（2）现实价值

第一，农业企业为社会生产提供基础性和战略性的产品或服务，在社会经济中发挥重要作用，因此，农业企业能否有效履行社会责任不仅影响企业自身发展，对农民增收、农业增效、农村增富，甚至国计民生都有着重要影响。本书从社会责任角度研究农业企业发展所揭示出的一些问题以及提出的应对举措，或许能为政府相关职能部门调整或重新制定农业企业发展或扶持政策提供决策参考。

第二，本书通过分析农业企业社会责任与企业成长的传导机制在不同企业能力、制度压力、不同成长阶段和不同行业中存在的差异，或许有助于农业企业根据自身能力和所处的内外部环境合理分配资源，有效地进行企业社会责任战略规划。

1.3　研究内容与方法

1.3.1　研究内容

本书有三项基本假定。第一，农业企业社会责任内涵与非农企业是有差异的。这种差异主要表现在两个方面：受农业产业特征、行业特性、农产品特点的影响，农业企业具有保证农产品安全、带领农户增收、提高农业生产等方面的责任；农业企业社会责任随着农业功能拓展、农业功能表现失调而需要重新定位。第二，农业企业成长内涵与非农企业也具有明显差异。在农业多功能背景下，单纯从经济视角衡量农业企业成长绩效是片面的，在农业产业特征、行业特性及农产品特点的共同影响下，国内农业企业成长也表现出与国外农业企业、一般企业不同的地方，应该重新界定农业企业成长的内涵及外延，使用合适的指标衡量农业企业成长。第三，有效履行企业社会责任的农业企业具有良好成长绩效。企业社会责任功利说提出，履行社会责任从而获得积极财务表现是企业履行社会责任的基本动机。这一说法给出了一个企业履行社会责任多寡原因，但未能有效解释不同企业履行同样社会责任，其效果不同的缘由。

本书主要内容大致分为两个部分，即理论分析与实证研究。本书首先通过文献回顾，构建农业企业"社会责任行为——企业成长"的初始概念传导模型，提出关键变量的构成维度和关键要素，在此基础上，结合相关的理论文献提出研究假设，并通过实证分析对假设进行检验，以解决本书的主要问题。

（1）理论分析

理论分析主要以管理学、农业经济学、社会学等相关学科的研究成果为理论支撑，以农业企业的产业特性、行业特征、产品特点等为切入点，在对农业企业概念界定的基础上，对农业企业履行社会责任的作用机理进行理论推演。主要包括：①农业企业社会责任的内涵界定。基于社会责任理论中的金字塔模型探究农业企业社会责任表现形式；②农业企业成长的内涵界定。基于企业内生成长理论，探究农业企业成长特征、表现形式；③农业企业社会责任与企业成长作用机理。基于资源基础观、企业社会资本理论探究在农业情境下，农业企业社会责任与企业成长关系的逻辑机理；④情境因素对农业企业社会责任与企业成长关系的作用机理。基于企业能力理论、生命周期理论、制度理论等探究在农业情境下，内外部情境因素分别对企业社会责任作用机理的影响情况。

（2）实证研究

实证研究主要立足于以下两点。第一，通过收集上市农业企业年度报表数据，利用统计分析方法首先检验本书的核心假设：有效履行企业社会责任的农业企业具有良好的成长绩效。第二，通过大范围农业企业问卷调查的方式获得一手数据资料，进一步检验理论模式和研究假设。主要内容包括：①"农业企业通过履行企业社会责任获得积极成长绩效"理论命题的实践印证；②农业企业履行企业社会责任与企业成长之间作用机理的研究。基于资源基础观构建农业企业"社会责任行为——企业社会资本——企业成长绩效"的传导模型，通过问卷调查数据进行实证检验；③农业企业社会责任与企业成长关系的内外影响因素研究。分别检验企业能力、成长阶段、制度压力、所属行业对社会责任与企业成长关系的影响效果。

1.3.2　研究方法

本书采用规范分析与实证研究相结合的研究方法。规范分析为提出问题、认识问题、解析问题奠定理论基础，实证研究为进一步解释问题、解决问题提供依据。具体而言，本书使用了文献研究、统计调查研究、现有统计数据分析三种方法对模型进行论述和检验，以期从不同视角深化对农业企业社会责任与企业成长关系的理解。

（1）文献研究法

通过文献研究法达到两个效果：首先，发现现有企业社会责任研究中尚待解决的问题。针对企业履行社会责任效果问题，对企业社会责任、企业成长、企业社会资本等方面的研究进行广泛阅读，归纳整理现有学术观点以及主要的争论焦点。通过文献研究，把握企业社会责任的研究前沿，厘清研究思路，发现研究空白。其次，形成本书的理论模型，提出本书研究假设。通过对企业成长理论回顾，发现资源基础观能为企业社会责任效果提供理论视角，通过规范分析和理论推导，基于资源基础观，提出企业社会责任与企业成长的关系模型。

（2）现有统计数据分析

现有统计数据，主要是指二手数据，具有客观性、样本量大以及纵向跟踪等优点。现有的农业企业上市公司的面板数据，有助于在一定程度上有效解决企业社会责任研究样本观测期短且数据少的问题，有效提高企业社会责任与企业成长关系的模型估计精度，从时间维度观测到企业社会责任行为与企业成长随时间的演进关系。

本书所采用的上市公司数据主要是上市公司年报披露的二手数据，来源于中国权威的数据库——国泰安数据库。在技术方法上，采用 Eviews7.2 作为主要的数据分析软件，运用因子分析、变截距固定效应模型等统计分析方法对数据进行分析，验证有关研究假设的有效性。

（3）统计调查研究

统计调查研究法有助于研究者收集规范化的定量信息，其原理是在变量操作化的基础上，利用结构化问卷获取研究对象的经验数据，然后通过统计方法对假设或概念模型进行验证。本书运用调研实证方法考查企业社会责任对农业企业成长绩效的影响机制，对总体研究模型进行有效的验证。

本书使用的统计调查研究法包括访谈法和问卷法两种。前期对农业企业高管、企业社会责任领域专家进行深度访谈，并结合文献研究法形成预试问卷。然后，带着预试问卷进一步开展访谈调研，收集开放式问卷的结果，并根据预试问卷信度效度进行问卷修订，形成正式问卷。最后，运用统计分析方法对数据进行分析，以验证研究假设是否得到样本数据的支持。在农业企业调研数据实证分析中，选择 SPSS20.0 和 Amos17.0 作为主要的数据分析软件，并运用信度分析、探索性因子分析、验证性因子分析、方差分析、层级回归等统计分析方法。

1.4 结构安排与技术路线

本书分为六章展开论述，逐步深入，以解决三个研究问题。本书的技术路线如图 1-1 所示：

第 1 章，绪论。针对农业企业成长难现象，提出农业企业社会责任这一研究主题及本书所要解决的具体问题，归纳理论价值和现实意义，明确研究内容与研究方法，并提出可能的创新之处。

第 2 章，文献综述。首先对农业企业概念研究进行回顾，明确研究对象范围、特征及成长背景，其次对企业社会责任内涵及履行效果的研究视角进行梳理，继而对经典企业成长理论进行回顾，并对企业社会资本的相关研究结果进行总结，最后提出以资源基础观作为本书研究农业企业社会责任与企业成长关系的理论视角。

第 3 章，理论模型。首先基于资源基础观，构建"社会责任各维度——企

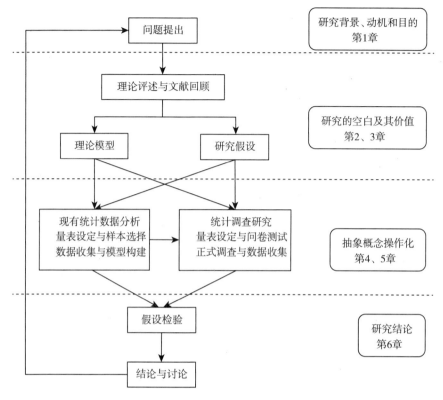

图 1-1 本书的技术路线

业成长绩效"的理论分析框架；然后，结合社会资本理论，构建"社会责任——社会资本——企业成长绩效"的中介作用分析框架；最后基于成长理论和制度理论，推论企业能力、成长阶段、制度压力和所属行业对企业社会责任与企业成长关系的调节作用。

第4、5章是实证研究章节。第4章将通过41家农业上市公司2004—2013年十年面板数据研究企业社会责任是否影响农业企业成长，并进一步探讨企业行业属性在两者关系中的调节作用。通过数据的统计分析得出研究结论。

在解决企业社会责任对农业企业成长是否有影响这一研究问题之后，第5章进一步验证农业企业社会责任对企业成长的作用机理。通过统计调查研究收集大样本数据，针对农业企业社会责任的中介变量和调节变量作用的假设进行检验。具体步骤包括：设计有效量表对理论模型中涉及的主要关键变量进行测量，通过预试和正式调研相结合、问卷信度效度检验来保证问卷的有效性，采用层级回归分析的方法，验证农业企业社会责任对企业成长直接作用，社会资本的中介作用，企业能力、成长阶段及制度压力的调节作用。

实证研究所要验证的基本问题、数据收集策略和采用理论的逻辑思路如表1-1所示。两部分实证研究的关系是相互补充和验证，主要基于以下三方面进行相互补充：第一，关于验证的基本问题，两部分实证从不同视角验证了本书的理论模型。现有数据统计分析验证的是"农业企业社会责任是否能影响企业成长"；调查研究数据验证的是"农业企业社会责任是如何影响企业成长"以及这一作用实现过程的情境条件。第二，关于数据收集策略，两部分实证数据类型分别是二手面板数据和一手截面数据。首先，通过面板数据能有效体现企业成长的变化趋势。本书立足于前人的研究成果，通过精心地选择相关样本和指标，运用上市公司的数据验证农业企业社会责任是否影响企业成长。二手数据也具有权威性和可复制性等优点。随后，一手的截面数据能有效地弥补二手数据相对粗糙的不足，能够有效地深入体现本书的理论模型设计。第三，关于样本选择，现有统计数据分析的样本选择主要是农业上市公司，国内农业上市公司大多数是国内农业产业化龙头企业，具有较完善的产业链和行业内较高的企业能力，具有一定的样本代表性，相对明确的行业划分标准也有助于行业细分的研究。调研统计分析的样本主要是分布在广东、安徽两省的农业中小企业。在中国农业企业成长环境中，中小规模农业企业居多，通过合理地抽样农业企业的大样本可以增强研究结论的稳健性和普适性。

表 1-1　本书实证研究的逻辑思路

研究	实证研究一（第4章）	实证研究二（第5章）
验证的基本问题	企业社会责任是否能影响农业企业成长	企业社会责任如何影响农业企业成长
数据收集策略	二手面板数据	问卷调查
问卷调查	农业上市公司	广东、安徽两省的农业企业
数据分析策略	面板数据模型分析方法	层级回归分析法
采用理论	利益相关者理论 企业成长理论	CSR 金字塔模型 社会资本理论 企业成长理论

第6章，结论与展望。总结分析研究结论，尝试提出促进农业企业承担社会责任的管理启示。针对研究过程阐述本书中存在的不足，提出进一步深入研究的方向。

1.5 可能创新之处

基于已有国内外企业社会责任研究和企业成长理论，本书尝试在以下三个方面进行创新性研究：①区别于已有企业社会责任研究以大样本为研究对象，本书关注农业企业的社会责任。首先以"金字塔模型"为基础，剖析得出农业企业社会责任的概念及内涵特征。进一步提出农业企业社会责任的测度量表，通过探索性和验证性因子分析确定一个包含 15 个题项的农业企业社会责任量表。②区别于已有研究从短期视角解释企业社会责任的传导机制，提出企业成长理论更加适合解释农业企业社会责任的作用效应，并进一步分析农业企业社会责任不同维度对企业成长的作用差异。继而，从社会资本视角探索企业社会责任影响企业成长的内在机制，为解释企业通过有效履行社会责任获取成长绩效提供理论支持。③区别于已有研究对企业社会责任作用效应情境因素的忽视，本书探索性地识别出农业企业组织情境特性和结构情境特性两个维度，分别在理论模型中引入"企业能力""成长阶段""制度压力""行业"四个变量来进一步探讨农业企业社会责任与企业成长关系。进而为农业企业提高社会责任作用效果指明方向。

第 2 章　文献综述

2.1　农业企业概念研究

(1) 农业概念

主流的农业经济理论认为，农业的概念有狭义和广义两种。狭义的农业是指通过利用有构造的生命自然力进而利用其他自然力的活动（中国农村发展问题研究组，1984）。指农、林、牧、渔、副等传统与农产品生产直接相关的产业。夏振坤、何信生（1984）整理了前人的农业概念（表 2-1），并根据范畴和结构两个维度对狭义农业做出形象的拓展，提出了包括生物生产功能维度、资源开发功能维度以及经济增殖运转功能维度的"三维"农业系统结构。

表 2-1　农业的概念

农业结构	定义
"一字形"农业	传统的种植业和养殖业
"十字形"农业	将动物、植物、微生物种植养殖业做一横，将农业服务业、农业种养殖业、农业经济产业等产业作为一竖的大农业概念
"绿三角"理论	"环境——生物——人类劳动"三要素的复合结构
"飞鸟形农业"	以种植业为主体，林牧渔和农工商为两翼，并附加农业精神文明
农业系统三维空间结构	农业系统包括三维：生物生产功能，资源开发功能和经济增殖运转功能

资料来源：夏振坤、何信生，1984。

广义农业是指除了传统农业产业外，还包括农业科研、农业教育、农业行政管理、农村金融和农村建设等为农业提供服务的部门（田育，1985；高亮之，1998）。陈纪平（2008）从分工的角度，指出和农产品生产有关的所有迂回环节都属于农业生产活动，比如农业机械生产及其整个生产链、与农产品品种有关的所有产业、化肥生产及其整个生产链等。钟红、谷中原（2010）从农业发展方式角度归纳出七类农业产业模式，分别为有机农业、创意农业、生态农业、能源农业、文化农业、旅游农业和都市农业。

（2）农业企业概念

最早的资本主义性质的农业企业起源于14世纪，英、法等国出现的租地农场。国外学者认为，农业企业农业生产力水平和商品经济有了较大发展，是资本主义生产关系进入农村以后的产物。国内农业企业出现较晚，直到1994年中国工商局才在行业登记中将农、林、牧、渔业单独列出来。国内农业企业至少具有以下三个特点：法律意义上注册登记的企业组织；可以从学术角度进行清晰定义的企业组织；具有社会和文化特征的组织。现阶段明确定义农业企业的研究不多，不同学者、不同的研究机构对农业企业的定义也不尽相同。国内外学者们对农业企业的定义大致可以分为以下三种：

第一种，从狭义农业角度界定农业企业。从企业是否从事和农产品生产、经营直接相关的角度来界定农业企业是判断企业是否为农业企业的基本标准。欧晓明、汪凤桂（2011）把农业企业定义为，从事农产品生产、加工和销售的经济组织。楼栋、孔祥智（2013）认为农业企业是专门从事商业性农业生产及其相关活动的组织，农业企业是连接专业化的小农户和大市场之间的桥梁，在适应多变的市场环境和应对激烈的国际竞争方面具有较大的优势。农业企业的组织形式可以是专业农户注册的，但更多的是大小不等的龙头企业。

其中，中国证券监督管理委员会（以下简称证监会）对农业企业的行业分类具有一定的代表性。证监会为规范上市公司行业分类工作，于2012年制定《上市公司行业分类指引》（以下简称《指引》）。根据证监会的行业分类标准①，截至2014年第4季度，中国上市公司中归属农业的上市公司一共有41家，其中农业13家、林业5家、畜牧业12家、渔业10家、农林牧渔服务业1家（表2-2）。

从狭义视角来定义农业企业，能有效反映农业产业最基本的产业特性，但这一方法忽视农业企业多元化经营和纵向一体化经营等经济现象。在狭义视角的分类原则下，一些国内农业企业，如大北农、双汇发展（被划入制造业中的农副食品加工业）、伊利股份、光明乳业（被划入到食品制造业）、农产品（深圳市农产品股份有限公司）（被划入到租赁和商务服务业的商务服务业）等被政府部门认定的"农业产业化龙头企业"的上市公司也并未被归属农业行业。

---

① 数据来源：中国证券各监督管理委员会《2014年4季度上市公司行业分类结果》http：//www. csrc. gov. cn/pub/newsite/scb/ssgshyfljg/。

由此可见，从狭义农业视角来统一划定农业企业的边界就会将很多农业企业排除在学术研究的视野之外。

表 2 - 2　2014 年 4 季度农业上市公司行业分类结果

行业大类名称	数量	上市公司简称
农业	13	隆平高科、登海种业、荃银高科、星河生物、神农大丰、亚盛集团、敦煌种业、新农开发、万向德农、香梨股份、新赛股份、＊ST 大荒、海南橡胶
林业	5	平潭发展、永安林业、云投生态、福建金森、ST 景谷
畜牧业	12	罗牛山、＊ST 民和、圣农发展、华英农业、益生股份、雏鹰农牧、大康牧业、牧原股份、西部牧业、天山生物、福成五丰、新五丰
渔业	10	中水渔业、獐子岛、东方海洋、壹桥苗业、百洋股份、中鲁 B、国联水产、开创国际、大湖股份、好当家
农林牧渔服务业	1	丰乐种业

第二种，从广义农业角度界定农业企业。与狭义农业视角相对应的是从广义农业视角定义农业企业，国外学者对农业企业的界定就属于"大农业"概念，涉及的农业范围比较广。国外的农业企业是以"农场制"为特征，包括合作农场、家庭农场、公司农场、联合农业企业等形式（从事兼业农户和合作经济组织并不包含在内）。与国内农业企业相比，国外农业企业不仅具有法律地位和生产经营自主权，而且内部分工细致，有一套严密的组织管理系统。特别指出的是，国外学者认为只消费，不从事农业生产经营的农场不能算是农业企业。也有学者和组织从产业链角度，对农业企业进行定义。经典定义有美国 Davis 和 Goldberg（1957）将农业企业定义为"农产品的加工、储藏、运输、销售以及农业用品如化肥、农药、农业机械等的生产、销售和农场运营等各项作业的总和。" Henry（2000）认为农业企业应该包括农业生产经营领域、农产品储藏、加工和销售企业和农业生产资料制造销售企业。联合国粮农组织定义农业企业为"田间"和"餐桌"的联系纽带，它通过农业领域生产资料的投入和种养殖以及对农产品的生产、加工、运输、销售等方式把农业领域与消费者联结起来，是农产品价值链非农联系环节。

国内学术界也提出"涉农企业"的概念。周应恒、耿献辉（2007）认为涉农企业包括从事农业生产和农产品加工企业，包括为农业生产提供产前、产中和产后服务的企业，还有间接与农业相关的农业中介、农业信贷和农业科技等企业。黄祖辉、俞宁（2010）指出与其他农业经营主体相比，农业企业的显著优势表现为适应多变的市场环境和应对激烈的国际竞争。另外一个关于涉农企业的重要界定来自国家关于国家级农业产业化龙头企业的评定方法。2010年，农业产业化联席会议成员单位根据农业产业发展需要，形成了《农业产业化国家重点龙头企业认定和运行监测管理办法》。《办法》中规定，农业企业是以农产品生产、加工或流通为主业（农产品生产、加工、流通的销售收入占总销售收入70％以上），并且具有独立法人资格的企业。

从广义农业范围界定农业企业，有助于人们深入了解农业企业在产业链条中的运作方式和组织行为特征，在实践上也使得更多从事农业的企业能够参加农业龙头企业的评选。但这样界定农业企业概念的主要问题在于它对农业企业的外延界定不清晰，如何有效区分初级农产品和加工后农产品等问题没有得到明确的界定。国内关于农业产业化国家重点龙头企业认定的结果是：在现有的1 000多家国家级龙头企业中，既包括广东温氏食品集团股份有限公司、河南省漯河市双汇实业集团有限责任公司等从事初级农产品加工的企业，也包括承德避暑山庄企业集团有限责任公司等从事旅游业的企业，还包括中法合营王朝葡萄酿酒有限公司、中国长城葡萄酒有限公司、浙江省茶叶集团股份有限公司、四川省文君茶业有限公司等酒、茶企业。

清晰地界定农业企业的外延困难主要有两个：其一，在社会发展的需要、经济利益的驱动、技术的创新共同作用驱动下，狭义农业产生了产业融合。农业产业融合可以总结为四种方式：农业产业内部子产业之间的融合，譬如种植业和畜牧业的融合；农业与外部产业的融合；高新技术产业向农业渗透融合；新兴产业的替代融合（李俊岭，2009）。农业和非农产业的相互渗透、相互交叉以及农业产业内部不同行业之间的相互融合直接导致农业企业行业归属界限模糊。其二，是农业企业本身的多元化经营战略。农业产业属性是单一的，生产活动内容相对稳定、一致，但农业企业是盈利性经济组织，经营活动的多元化会增加产业界定的难度。与非农企业相比，农业企业也大多采取多元的发展战略，其业务范围或多或少会涉及多个交叉产业。总的而言，若没有准确而具体的界定，往往会使农业企业的范围过于宽泛，很难讨论其建构效度或进行更深入的实证研究。

第三种，从社会功能的角度界定农业企业。上述两种定义方法均从不同角度描述了农业企业的经济属性，与经济属性紧密相关的另一个重要的维度是社会属性。由于不同国家的农业生产条件和社会、经济、文化情况不同，再加上农业资源禀赋和农业发展阶段的差异，仅从经济属性维度来界定农业企业，显然是不合适的。比如：在西方发达国家，尤其是美国，农业现代化程度较高，农业企业更多承载农业的商品产出功能。但中国农业企业不仅在劳动力就业、经济缓冲、社会福利保障替代方面具有较大的非商品产出价值，在环境保护、粮食安全保障、传统文化继承和农业景观保持等方面也发挥重要的作用。

因此，为了体现农业企业的复杂性，特别是中国情境下的社会属性，国内学者开始关注农业企业的社会维度。张庆、孙京娟（2007）定义农业企业为一种农业生产与分配的组织形式，其作用是为了实现规模集约化生产，消除农村贫困问题。胡新艳、罗必良（2010）提出，国内农业企业发挥几种作用：为村民提供福利保障功能、解决就业、社区建设、降低村庄行政组织成本、强化村庄基层组织合法性。马少华、欧晓明（2013）从法律、经济和社会三个层面来甄别农业企业，他们认为只有同时具备三种属性的企业才能被归属为农业企业。首先，法律层面的界定把农业企业和农业合作社、家庭农场等农业经营组织区分开来；其次，经济属性层面的界定把农业企业和非农企业区分开来；最后，在社会属性层面，农业企业不仅需要提供人们需要的农产品，还应该以解决"三农"问题为宗旨。

显然，农业企业是一个多层面的复杂的经济社会组织。在中国情境下，农业企业的生产经营、成长环境等问题都是现有西方企业理论所难以完全解释的。由此，在研究中国农业成长问题时必须先对农业企业有明确界定。

2.2　企业社会责任研究

2.2.1　企业社会责任概念研究

（1）国外企业社会责任概念

1924 年，英国学者 Oliver Sheldon 提出了最早的"企业社会责任"。Sheldon（1924）认为，企业存在的目的不仅包括为股东盈利，还必须包括最大限度地增进包括员工、消费者、当地社区、社会弱势群体等其他非股东利益相关者的利益。随着经济和社会的发展，对企业社会责任认识不断深入，已有研究形成了内容分析、过程分析两类主要视角，内容分析视角主要涉及单维度或多维度的企业社会责任行为分析，过程分析视角则涉及多层面社会责任认知、动机、行为等方面的分析。概括而言，现有的西方经典企业社会责任概念包括以下五种，具体如表 2-3 所示。

表 2 - 3 国外经典企业社会责任概念汇总

学派	代表学者	企业社会责任概念
古典的社会责任	Friedman（1970）	公司存在的社会责任只有一个：在尊重既定的规则下，最大限度地为股东盈利
社会契约视角社会责任	Donaldson（1982）、Bowen（1953）	企业社会责任是由一系列的关系契约所规定的，不仅稳定了企业与社会关系，而且规范当事人之间的利益冲突，还促成彼此间的信任合作
利益相关者视角社会责任	Manilla 等（2001）、Blair（1995）、Jones（1995）	企业社会责任包括对雇员、消费者、供应商、股东和债权人、自然环境、政府、合作者和社区的责任
综合性社会责任	Carroll（1991）	社会责任是某一特定时期社会对组织所寄托的期望，这一期望包括经济、法律、伦理和慈善
过程视角社会责任	Basu 和 Palazzo（2008）	社会责任由认知层面、语言层面和行动层面组成。认知层面表明企业思考的是组织间关系的理性认识；语言层面表明企业如何解释其参与活动的动机；行为层面表明企业所采取的行为方式

尽管过程视角使得企业和环境关系更加密切，但尚未得到广泛的应用。相对而言，从利益相关者理论发展而来的综合性社会责任概念得到广泛的应用。利益相关者视角明确了企业履行社会责任的对象，但在实践过程中，因为企业资源是有限的，企业并不可能同时关注所有利益相关者的全部需求。针对这一研究空白，综合性社会责任视角提出企业面对的利益相关者是有先后顺序的，强调企业应该从战略视角探讨企业和利益相关者之间的关系。综合性社会责任学派进一步把相对孤立的企业社会责任整理归纳为不同的 CSR 模型。Geva（2008）把现有的 CSR 模型分为三类，即金字塔模型、交互圆环模型和同心轴模型，其中 Carroll 于 1979 年基于期望理论提出的金字塔模型被评价为企业社会责任理论经典范例（Schwartz & Carroll，2003）。

金字塔模型包括以下基本假设：社会责任由四部分组成，分别为经济（盈利性）、法律（遵守法律）、伦理（富有伦理精神）和慈善（成为好公民）；各种社会责任重要性不同；经济责任是最基本的责任；当企业满足利益相关者的各种期望，企业与外部环境的适应性将因为良好的匹配关系而提高。

金字塔模型隐含着社会责任的两个重要特性：同时性（Simultaneity）和层次性（Hierarchy）。同时性意味着 CSR 是企业的外部限制挑战，因此企业需要尽力实现能提高满意度的行动目标，而不是追求卓越。层次性表明，企业在实践过程中，同时关注四种社会责任的理想状态很难达到，不同社会责任经常发生冲突，所以社会责任决策应该是灵活而且包括不同责任的优先顺序。金字塔模型的层次性观点与 Friedman（1962）形成了鲜明的对比。Friedman（1962）认为，企业社会责任是由分散的责任定义所构成的组合。而金字塔模型则认为，企业各种社会责任是可以整合在一起的，强调聚焦单一社会责任或者无法同时兼顾不同社会责任的观点是片面的。

（2）国内企业社会责任概念

国内学者对企业社会责任概念内涵的探索始于 20 世纪 90 年代。有学者指出，国内学术研究对企业社会责任的内涵界定并未达成一致的结论。但在某种程度上，概念或定义问题本身体现对问题的不同研究视角，因此，并不影响学者对社会责任的探索。

在研究初级阶段，学者们基于"是否应该履行社会责任"提出了中国企业社会责任概念，先后形成了三种主要的研究视角。基于法理视角，刘俊海（1999）、袁家方（2000）、刘连煜（2001）、卢代富（2002）把企业社会责任定位为企业在追求股东利润最大化之外所负有的维护和增进社会利益的责任。基于哲学视角，周祖城（2005）认为企业社会责任是一种以利益相关者为对象的综合责任。基于管理学视角，陈宏辉（2004）、徐尚昆、杨汝岱（2007）认为，为实现社会目标，企业不仅具有承担经济和法律责任的义务，还肩负有制定有利于社会价值政策的义务。

随着"如何履行社会责任"成为企业社会责任的研究重心，学者们开始从不同细分视角提出中国企业社会责任概念。张文魁（2006）从产品视角提出，中国企业主要应承担提供优质产品和节能环保这两方面的责任。吴志攀（1996）、周友苏（2006）从员工视角强调，提供就业、增进职工福利是国内企业应负的公平责任。梁桂全（2004）和陈维春（2008）从国际竞争视角提出，企业社会责任的本质是在经济全球化背景下企业对其自身经济行为的道德约束。

2.2.2　企业社会责任结果研究

（1）国外企业社会责任作用研究

国外关于企业社会责任效果的研究大致可以分成三个阶段：第一阶段，从理论上提出社会影响假说、资金提供假说等几个重要假说，在实证上应用财务绩效、企业价值作为结果变量，通过上市公司或调研数据测试企业社会责任对这些结果变量的直接影响关系；第二阶段，假定不同维度的企业社会责任对企业效用不同，并且引入利益相关者理论解释存在差异的原因，运用实证数据进行检验；第三阶段，假定企业社会责任对企业绩效的作用存在间接作用，基于资源基础观理论，在企业社会责任与企业绩效变量之间引入企业声誉、社会资本等变量，并应用实证数据检验企业社会责任对企业绩效的非线性关系。

阶段一：以财务绩效、企业价值作为结果变量

企业社会责任绩效（CSP）和企业财务绩效（CFP）关系的研究起源于 20 世纪 60 年代。迄今为止，关于 CSP - CFP 关系还没有给出一致的结论（Van Beurden & Gossling，2008）。有关的研究形成几个基本的理论假说：Bradford 和 Shapiro（1987）的社会影响假说、Waddock 和 Graves（1977）的资金提供假说。社会影响假说认为，企业履行社会责任与财务绩效正相关的原因是履行社会责任的成本会带来企业受益增加或其他成本的降低。Moskowitz（1972）、Parket、Eibert（1975）、Soloman 和 Hansen（1985）等学者从人力资本视角证实了社会影响假说。他们发现，企业改善员工工作环境降低企业运营成本的同时也提高了企业的经营效率。这是因为积极履行社会责任的企业不仅可以借助较小的成本较好地提高员工的士气和工作效率，而且还有助于企业招收高素质的员工。资金提供假说则认为，财务绩效是因，企业社会责任是果。良好的财务绩效会产生更好的企业社会责任绩效。Ullmann（1985）、Waddock 和 Graves（1997）进一步指出，良好的财务状况使企业可以把更多的闲置资源投入到改善社区关系和环境状况等社会责任中。然而，有一部分支持负相关结论的学者认为，企业承担社会责任的成本将对企业的财务绩效产生直接的负面影响，并进一步形成 Friedman（1970）的权衡假说、Preston 和 O'Bannon（1997）提出的管理者机会主义假说和负协同效用假说。权衡假说认为，企业资源是有限的，企业需要在不同利益相关者之间进行权衡，当企业将大量资源投入到履行社会责任上时，企业财务成本会增加，会对股东的投资回报和收益形成侵占，于是财务绩效会相应下降。管理者机会主义假说则认为，管理者对个人报酬的追求会导致企业社会绩效和财务绩效出现负相关的现象。企业财务绩效良好时，管理者会试图降低履行企业社会责任的支出，从而利用这一机会增加个人收益。综合了 CSP - CFP 正相关和负相关学说观点，Bowman、Haire（1975）、Lankoski（2000）等学者进一步主张，企业社会责任与企业财务绩效不是简单的线性关系，而是一种类似倒 U 形关系，当企业承担过多的

社会责任时，企业的财务绩效会随着社会绩效的增加而相应减少。可能由于影响两者关系的因素太多，企业社会责任与企业财务绩效没有直接的相互关系。

学者们使用各种实证方法，从实证上检验社会责任与财务绩效的相互关系。Pava（1996）、Ullmann（1985）、Griffin 和 Mahon（1997）总结了不同时期国外关于企业社会责任与短期财务绩效的实证研究（表 2 - 4），共同发现了：无论是哪一个时期，两者关系都存在相互冲突的两种观点。但总体而言，得出两者是正相关关系的实证文章数居多。

表 2 - 4　国外有关企业社会责任和短期财务绩效的关系研究结论

文献	研究文献年份	正相关	负相关	没有关系	合计
Pava 等（1996）	1972—1992	12	1	8	21
Ullmann（1985）	1972—1985	8	1	4	13
Griffin 和 Mahon（1997）	1972—1997	33	19	9	61

资料来源：郭红玲. 国外企业社会责任与企业财务绩效关联性研究综述［J］. 生态经济，2006（4）：83 - 86.

20 世纪 70 年代，国外学者开始研究企业社会责任与企业价值的关系。正相关论认为，企业通过承担社会责任会比不承担社会责任的企业更可能占有更大的市场份额、提高企业声誉以及改善和政府、银行等利益相关者的关系。在实证研究方面，学者们用不同指标衡量企业价值证实了企业社会责任与企业价值存在正相关关系。如 Moskowitz（1972）使用股票平均回报率、Cochran 和 Wood（1984）使用后几年的资产收益率、Waddock 和 Grave（1997）引入企业显性成本和隐形成本的概念。负相关论认为企业承担社会责任会产生额外的成本，资源浪费会使得履行社会责任的企业相比不履行社会责任的企业更容易处于竞争劣势。负相关论暗含着企业无须承担额外的社会责任，因为广泛的慈善捐献、推行社会发展计划等行为都会使企业增加额外的成本，从而成为企业的负担，支付过多的成本，企业利润会下降，进而导致公司价值下降。如 Friedman（1989）主张，"企业社会责任就是在遵守法律和相应的道德标准的前提下赚尽可能多的钱"。Vance（1975）、Holman 等（1985）实证研究证实了企业社会责任与企业价值是负相关关系。

阶段二：基于利益相关者理论研究企业社会责任不同维度的作用

企业社会责任与企业效益关系研究结论的相异性驱动了学者们开始探究企业社会责任不同维度与企业效益之间的关系以及这些关系的内在机理。20 世纪 90 年代以来，Wood（1991）等学者提出应该把企业社会责任研究与利益相关者理论相结合起来，因为利益相关者直接承受企业社会责任行为所带来的结果，而且只有他们才知道自身利益要求是否被满足和有多大程度被满足。

在企业社会责任内涵上，Carroll（1991）首先把社会责任金字塔模型与利益相关者相融合，指出企业要针对每一个利益相关者需求考虑社会责任问题。Clarkson（1995）指出，企业社会责任的评价模式应该基于利益相关者理论建立。

在研究框架方面，现有研究可以大致分为两种"规范性观点"和"工具性观点"。Goodpaster（1991）、Jones（1995）提出"策略性的利益相关者分析"，即企业可以把履行社会责任作为一种实现经营目的的手段，在利益的驱使下，企业要关注利益相关者的需求。"工具性观点"暗含着一个观点：当企业履行社会责任无利可图时，企业不需要履行社会责任。Donaldson 和 Preston（1995）对此持反对意见，他们认为企业履行社会责任应该成为一种规范，对是否应该履行社会责任，应该从做"正确的事"角度来思考，而不应该单纯从企业净成本计算得出结果。因此，无论企业履行社会责任是否直接带来利润收益，企业都应该对利益相关者的诉求做出适当的回应。

在研究方法上，有学者尝试通过分析调研的企业或上市公司的截面数据来证实企业社会责任与企业竞争优势是否具有相关关系，得出的结果有正相关、负相关、不相关，即现有研究成果尚未形成一致的结论。也有学者可以使用跟踪研究法，从一个较长的时间视角去探索企业对利益相关者履行社会责任的效用。如哈佛大学 Kotter 和 Heskett（1992）运用企业 11 年财务数据分析企业文化与企业绩效关系时指出，充分关注员工和顾客价值的企业文化能使样本企业业绩平均增长 682%，只重视传统股东价值的企业只增长了 166%。美国的 James 和 Jerry（1998）通过研究几家大公司的长期绩效表现之后，也发现强调明确的利益相关者核心价值"远景化"企业的财务绩效远远超过了股市的整体表现。

利益相关者对于企业的长期发展、企业成长及长期的投资价值具有决定性的影响。利益相关者理论在企业社会责任研究中应用，其核心思想是将利益相关者的利益和期望明确融入企业战略中去。企业主动将社会责任纳入战略，履行社会责任成为机会、创新和竞争优势的来源（Porter & Kramer，2006）。

阶段三：基于资源基础理论引入中介变量

有关的实证研究结果表明，两者之间不表现为必然的直接因果关系。同时，在企业管理实践中也存在一些现象，有些企业通过践行企业社会责任取得了成功，而某些企业投入了大量资源关注利益相关者需求却没有获得理想的预期效果。Ullmann（1985）、McWilliams（2006）等学者提出，情境因素对企业社会责任效果的影响显著。在不同的社会环境中、不同的时代背景下，企业是否履行社会责任或履行社会责任对企业绩效、价值的影响具有明显区别。于是，国外学者开始探讨在具体情境中，社会责任行为与其效果之间的中介变量。有关的研究取得了一定的进展，也发现了越来越多的变量在企业社会责任影响企业成长的过程中发挥部分或完全中介作用。但是，有关研究相对比较散乱。拟对相对成熟的研究进行梳理和归纳。

基于人力资本视角。现有的研究基本达成一致，履行社会责任的企业比不履行社会责任的企业更能吸引员工（Turban，1996）。企业对员工的责任实践形式多样，包括灵活的工作时间和工作分担、公平薪酬、培训机会、清洁安全的工作环境、儿童照管设施（Albinger & Freeman，2000；Peterson，2004）、工作场所质量（Fulmer & Ballou，2003）、帮助雇员建立社区关系纽带（Fombrun，1998）等。社会责任对人力资源的作用主要表现在两个方面：首先，提高员工的满意度和忠诚度，有效留住优秀人才（Burke & Logsdon，1996；Royle，2005）。其次，社会责任有助于增强员工对企业价值观认同，激发员工积极工作（Burke & Logsdon，1996）。总的而言，企业对员工的社会责任有助于提高企业生产效率。如可以降低员工的误操作和减少缺勤使工作效率增长或边际收益增加；可以通过开发有经验的劳动力，提高效率；可以通过鼓励员工士气，增加团队凝聚力。企业对员工的社会责任还有助于降低因旷工现象及人员的流动而产生重新选聘或培训的成本。

基于顾客响应视角。有研究证明，国外消费者对企业是否履行社会责任的反馈和支持是敏感的，当企业忽略社会责任时，消费者会对企业反映为反感甚至抵制（Sen et al.，2006）。企业社会责任从三个方面对顾客响应起作用：第一，企业通过社会责任获得企业声誉，有助于引导顾客消费，从而形成有利于自己的产品消费意向。Goldberg 和 Jon Hartwick（1990）指出，相较于声誉较低的企业，消费者更倾向于购买声誉较高企业产品和服务。第二，消费者对产品的质量感知会受到企业社会责任的影响，Brown（1997）实证研究了这一观点。第三，积极履行社会责任的企业更有利于打造产品品牌，从而在顾客心中实现差异化定位。McWilliams 和 Siegel（2001）发现，当消费者收入增加、产品价格差别缩小时，消费者会倾向于从企业社会责任属性角度分辨产品的差异。

基于企业声誉视角。企业声誉具有难以模仿的特性，它是企业一种稀缺资源，是企业可持续竞争力的重要来源，同时也是企业一项需要长期持续投入的无形资源（Roberts & Dowling，2002）。Carroll（2000）认为，积极履行社会责任的企业能帮助利益相关者快速识别企业价值观，促进双方良好关系的建立，直接或间接提升企业声誉。Karna（2003）等研究发现，通过获得SA8000 认证的企业，其声誉能得到有效提高，从而促进新的差异性的竞争优势战略的实施。企业声誉的提高有助于激发消费者的购买意愿并提高忠诚度（Bertels & Peloza，2008），也有助于在资本市场获得具有竞争力的地位（Miles et al.，2000）。

基于创新能力视角。企业通过积极的社会责任实践，更容易获得不同利益相关者对企业的认可与满意，促使利益相关者对产品和企业提出建设性意见，有助于促进企业知识转化和利用，拓展企业的开放式创新源，最终提升企业成长绩效。有关实证研究证明创新和企业社会表现有高度相关性。

（2）国内企业社会责任作用研究

目前，国内对中国企业社会责任问题的研究尚处于初级阶段。这一方面是由于中国企业的社会责任实践尚处于响应阶段；另一方面是尚未形成中国情境的企业社会责任理论。国内学者基于中国情境，引入社会资本、创新能力等变量探索企业社会责任的作用机理。

关注社会资本的中介作用。徐尚昆、杨汝岱（2009）从社会资本的角度探究企业承担社会责任的内在动因，基于世界银行对全国 12 个城市 1 268 家工业企业的问卷调研，研究结果显示，企业承担社会责任与企业的成长并非此消彼长的零和博弈，因为企业承担社会责任能够带来企业社会资本的积累。郝秀清、仝允桓等（2011）对 348 个企业管理者的问卷调查结果应用结构方程模型方法进行了分析。主要结论包括：企业社会表现对短期、长期和非财务绩效均没有直接影响；企业社会表现对社会资本有很强的直接影响；社会资本对短期财务绩效没有直接影响，但对非财务绩效和长期财务绩效有直接影响。

关注创新能力的中介作用。彭正龙、王海花（2010）从利益相关者的角度对企业社会责任表现进行维度划分，并以创新过程的 3 个阶段作为中介变量，以开放式创新绩效作为结果变量，运用结构方程模型实证研究发现，企业社会责任表现的 9 个因子通过对创新过程 3 个阶段产生不同程度的影响，进而对企业开放式创新绩效不同维度的影响亦存在差异，这有助于指导企业的社会责任实践、完善创新过程以及提升创新绩效。此外，创新能力在企业社会责任与企业成长之间担任着调节变量的作用。姜俊（2009）把企业的社会责任分为战略性社会责任和利他性社会责任，以我国农业企业为研究对象，实证发现，过程创新与企业社会责任高度重合，而产品创新在企业社会责任与企业财务绩效之间起调节作用。

2.2.3　农业企业社会责任研究

随着今年食品安全事件频繁爆发，农业企业的社会责任开始受到国内学者的关注，但相关的研究成果尚未成熟。

（1）农业企业社会责任概念

对国内农业企业社会责任进行概念界定时，国内学者主要应用利益相关者视角和综合视角，并探索国内农业企业社会责任的特点。在利益相关者框架下，俞佳琴、俞丽娜等（2012）从消费者、股东、员工、合作者和环境保护五个维度分析浙江省农业企业的社会责任履行现状。杨征、田婉琳（2012）认为农业企业作为现代企业，很难严格限定其利益群体，基于多元化特征，提出员工对于温氏企业是一个扩大的概念，包括内部职工、养殖户、客户和股东等，可以把温氏企业利益相关者划分为员工、消费者和社会三方面。温氏通过与员工利益共享与之共存共荣，通过严把安全质量关与消费者共存共荣，通过积极承担企业公民的社会责任与政府共存共荣。张胜荣（2013）从股东、员工、债权人、供应商、经销商、消费者、政府、社区、环境 9 个社会责任维度对 225 个农业企业的社会责任态度、农业企业对社会责任重要性的判断、履行社会责任的方式、动机、水平等问题进行了调研。张胜荣、吴声怡（2013）认为由于农业的行业特性，农业企业具有基础性、自然依赖性、效益不确定性、产品同质性、与利益相关者关系特殊性，这些特征导致其社会责任行为具有行业示范性、极端重要性、脆弱性、难控性、物质薄弱性等特征。姜俊（2009）从自愿性社会责任的视角，把农业企业对员工、消费者和供应链的社会责任定义为农业企业的战略性社会责任，把农业企业对环境、社区的责任定义为利他性社会责任。

在综合观视角下，陈辉（2010）指出，由于农业在国民经济中处于基础地位，农业企业社会责任的履行与社会的安定和整个国民经济的发展有着直接关系，农业企业社会责任更容易受到各方利益相关者的关注，因此从综合观视角定义农业企业社会责任更能提出农业企业社会责任的特点。马立强（2011）将农业企业社会责任分为五个维度，分别是经济责任、法律责任、文化伦理责任、环境责任和社会公益责任，并根据这五个维度构建农业企业社会责任指标体系。莫少颖、计红、章先华、谢凡荣等（2012）从经济、法律、道德和公益四个方面对国内农业企业的社会责任做出更详细的描述。

（2）与农业企业相关的企业社会责任标准

随着全球化的不断深入以及跨国企业的发展壮大，一些国际组织尝试为全球不同国家组织社会责任活动提供统一明确的标准和可供参考的社会责任实践模式，如国际标准化组织（ISO）先后公布了 ISO 9000、ISO 14000、ISO 50001、ISO 31000、ISO 22000 等国际标准，从环境保护、产品质量管理、能源管理、风险管理及食品安全管理等各方面规范企业活动。2012 年，该组织公布最新的 ISO 26000 准则。ISO 26000 作为首个社会责任国际标准，实现了社会责任从企业到政府、学校、非政府组织等非商业领域组织的扩展，从工程技术领域到社会和道德领域的跨越，将国际社会责任实践推向一个新的发展阶段。各种与农业企业生产经营的企业社会责任准则如表 2-5 所示。

表 2-5 与农业企业相关的企业社会责任准则

颁布年份	准则	颁布机构	准则内容
1971	HACCP	美国食品微生物学基准咨询委员会	针对食品中微生物、化学和物理危害安全控制的食品安全保证体系
1987	ISO 9000 质量认证体系	ISO	企业能持续稳定地向顾客提供预期和满意的合格产品。站在消费者的角度，公司以顾客为中心，能满足顾客需求，达到顾客满意，不诱导消费者
1996	ISO 14000 生态环境认证体系	ISO	针对环境管理体系、环境审核、环境标志、生命周期分析等领域
1999	OHSAS18001 职业健康安全管理体系	英国标准协会等 13 个组织	主张提供一个健康与安全的工作环境，尽量减少工作环境中固有的危险因素
2005	ISO 22000 食品安全管理体系	ISO	关注食品的安全问题；要求生产、操作和供应食品的组织，证明自己有能力控制食品安全危害和那些影响食品安全的因素
2010	ISO 26000 社会责任指南	ISO	涉及组织机构的管理、人权、劳工实践、环境、公平的运营模式、消费者问题、社区参与其发展等核心主题

20 世纪 90 年代以来，面对激烈的国际竞争与市场竞争，国内农业企业开始逐渐意识到社会责任的重要性，从而自觉、主动地参与到各种社会责任认证中来。对于农业企业内部而言，各种社会责任标准可以促使企业节约能源，降低经营成本；促使企业增强企业员工的环境意识，加强环境管理；促使企业自觉遵守环境法律、法规；树立企业形象，帮助农业企业在激烈的市场竞争中脱颖而出。对于合作方而言，农业企业积极接受不受双方经济利益支配的第三方的公正，科学地对其产品及其他方面进行评价和监督，成为双方开展稳定合作关系的保证。

（3）农业企业社会责任作用研究

国内研究表明，农业企业履行社会责任对企业能力提升、市场价值增值、处理危机事件等有积极作用，大部分研究证实了农业企业社会责任不同维度的作用效果不同。在研究方法上，有的学者采用调研数据，如胡铭（2009）采用湖北仙洪新农村试验区的调查数据，建立结构方程模型，实证结果表明顾客满意在农业企业社会责任与其市场价值之间起中介作用，企业能力发挥调节效应。也有的学者采用上市公司的数据，如胡亚敏、陈宝峰等（2013）对 25 家农业上市公司 5 年的面板数据分析结果表明，农业上市公司社会责任对长期财务绩效有正向影响作用。还有的学者们应用案例研究方法对农业企业社会责任效果进行研究，如姜俊（2009）运用扎根理论研究方法研究沪深两市中 14 家农业企业社会责任行为。马少华、欧晓明（2013）深度分析双汇"瘦肉精"事件中企业社会责任的危机响应模式。

（4）农业企业履行社会责任问题

近年来，随着国际竞争环境的不断变化，农业企业的管理理念和管理方式亟待新的突破，中国农业企业开始探索通过履行企业社会责任获得企业生存所需的战略资源、提高企业产业能力。然而，国内农业企业企业社会责任实践尚处于起步阶段，农业企业在履行社会责任方面的问题突出。

首先，农业企业对社会责任认识片面。胡铭（2009）对湖北仙洪新农村试验区农业企业的企业社会责任认知的调查表明：不少农业企业负责人把社会责任与慈善公益行为直接对等，认为只有企业发展到一定阶段时才需要回应利益相关者的诉求。一方面，农业企业社会责任是一个相对开放的复杂系统，农业经济、社会、生态等方面的多功能决定农业企业在经济、法律、伦理、慈善等方面都具有特性，缺乏对利益相关者特殊性的认识，容易导致农业企业把自身的社会责任理解成和非农企业一样。另一方面，国内很多农业企业是私人企业，由较为富裕的农户所创立，在激烈的市场竞争和行业自身固有的自然脆弱性压力下，企业负责人对自身所应履行的社会责任缺乏正确的认识和应有的理解。

其次，农业企业生产经营标准化程度较低，农产品质量不保证。农产品安全问题在国内农业企业社会责任行为中表现突出。与发达国家相比，在农业资源约束的限制下，农业企业的生产原料主要来自农业组织化程度极其有限的分散农户。不同农产品在质量控制方面要求是不同的，从而对农业生产过程耕作、灌溉、施肥、农药使用都具有差异。譬如水稻、甘蔗、棉花等生长周期比较长的作物，使用一些高毒农药之后，有毒成分会随着时间增加而逐渐分解，对产品品质不会造成影响；而蔬果等生长周期相对较短的作物，一旦使用高毒农药，极可能造成有毒物质残留。加上农户或养殖户自身素质局限，安全生产意识比较淡漠，使用农药或添加剂时缺乏科学指引，容易致使农产品中农药残留、添加剂超标。2010 年海南"毒豇豆"事件就是起源于农户在豇豆种植期间高毒农药的使用。此外，国内农产品流通加工环节分级简单、粗糙、极不规范，容易导致农产品在运输、流通、零售过程中有受到二次污染机会。

最后，农业企业与农户缺乏稳定的利益联结机制。目前，国内农业企业普遍通过"公司＋农户""公司＋合作社＋农户"等模式与广大分散农户联结。然而，由于农业自然风险较大，企业和用户之间存在松散的合同契约关系，处于弱势地位的农户也并不具备和企业平等谈判的能力，导致广大农户在经营决策中处于次级或被动地位，未能有效分享农产品在加工、销售环节的增值收益。

（5）农业企业社会责任缺失的原因

可以从企业外部和企业内部两方面寻找国内农业企业履行社会责任积极性较低的原因。

关于农业企业履行社会责任积极性较低的外部因素，主要来源于政府、媒体舆论和消费者三个方面。首先，政府部门对农业企业履行社会责任监督力度不够。农业企业生产经营活动具有复杂性，与农业企业相关的法律规定和行政规范有待进一步完善。尽管政府部门对农产品安全出台了一些强制性的政策法规，但农产品质量安全问题屡见不鲜，反映政府相关部门的监管力度也存在不足。而且，地方政府追求区域经济增长容易有意无意忽视对农业企业环境责任行为的监管。当农业企业以追求利润最大化为目标时，缺乏政府部门监管，企业更容易出现过度开采和利用农业资源，任农业废水乱排放，造成农村生态环境日益恶化。其次，媒体舆论等外部监督作用较弱。现阶段，国内媒体对农产品安全有了较大的关注，但被及时披露恶意造假坑害百姓的企业还只是少数。最后，消费者维权意识及能力较弱对农业企业社会责任履行也有影响。美国等发达国家的消费者在进行购买消费决策时，会把企业社会责任作为一个优先考虑的因素，与之相比，国内消费者通过购买产品对企业财务效益的影响较少。农产品同质性较高，消费者未能有效对农产品质量进行良好的辨别。而且农产品是生活必需品，需求弹性较低，消费者在进行购买决策时，较少把社会责任因素计算在内，从而导致有社会责任意识的企业未能获得经济回报，打击企业继续承担社会责任的动力。

关于农业企业履行社会责任积极性较低的内部原因，主要表现在三个方面：首先，企业社会责任认知较模糊。由于时间滞后性及信息不对称性，企业对社会责任效果的认知会产生偏差。俞佳琴、俞丽娜等（2012）对 94 位浙江省中小农业企业人员的调查结果显示：69.7%的样本企业认为"履行企业社会责任会增加企业的成本"。其次，企业缺乏履行社会责任的能力。农业企业受自身弱质性产业特性的影响，其履行社会责任能力较非农企业弱。最后，企业短期利益与长期利益之间存在矛盾。在有限资源的约束下，农业企业需要权衡履行社会责任与不履行社会责任的利益和风险，同时兼顾提供高品质产品和服务与节约能源、保护生态等社会责任期望。

我国农业企业主动承担企业社会责任的平均水平不高，从外部因素的视角，可以通过加强法制建设、发挥舆论监督作用、提高消费者社会责任意识等手段加强农业企业社会责任的外部监督。然而，中国正处于转型经济时期，法律法规既不完备也不完善，法律法规的执行程度也不高，媒体、社会公众等利益相关者组织起来影响和制约农业企业行为的意愿、能力和手段都非常有限，因此，短期内我国农业企业的社会责任情况难以通过提高外部约束来改善。农业企业是否主动承担企业社会责任不仅是企业伦理问题，还是关系广大人民群众生命安全、农民生计、农村社区持续发展的重大现实问题。因此，从农业企业内部视角，研究农业企业如何在有限的资源约束下，通过有效履行企业社会责任，有效调节与利益相关者的关系，获得良好的生存环境，进而有效推动企业成长是非常重要、迫切的问题。

2.3 企业成长研究

2.3.1 企业成长概念研究

(1) 国外企业成长概念

市场竞争环境日益激烈使得企业的所有者、管理者、投资者等相关利益者不再仅仅关心企业目前的经营水平，而更多关注其未来价值的增长，即企业的成长。根据国外企业成长研究脉络，现有研究主要从两个视角对企业成长进行定义：规模经济视角、成长经济视角（表 2-6）。

表 2-6　国外企业成长概念汇总

学者	企业成长的定义
规模经济视角	
Marshall（1890）	企业为了获取规模经济而进行的扩张
Coase（1937）	随着企业家协调能力的增强，企业交易成本下降，而导致的企业边界的扩大
Bain（1959）	企业成长表现为市场份额增加
Chandler（1962）	企业实现规模经济或范围经济
成长经济视角	
Penrose（1959）	通过扩张实现对企业资源的有效利用
Ansoff（1965）	企业取得较有利的竞争位置
Greiner（1972）	企业从创立到消亡所经历的过程可以划分为不同阶段的周期

"规模经济"视角有一个基本假说：企业具有"交易性"，要求企业通过有效的管理减少契约的交易费用。基于规模经济视角，Marshall（1890）、Coase（1937）提出了企业成长的思想，并把"企业成长"定义为：企业因为其规模变得更大，不但能更有效地提供产品和服务，还能更有效地生产大宗产品或新产品。规模经济视角强调的是：企业内部经济活动与市场经济活动有着本质的区别，企业的经济活动是在管理组织内部进行的，因此产业管理单位的规模增长很重要。企业成长就是企业追求规模经济，企业规模扩张是"规模经济"视角的企业成长的突出标志。

"成长经济"视角对企业性质有着不同的假设：企业具有"生产性"，即根据企业内部制定并实施计划，利用生产资源向经济领域提供商品和服务。Penrose（1959）、Ansoff（1965）等学者认为成长经济是一种内部经济，成长经济来自企业所能获得的独特的生产性服务的集合，它使企业在提高原产品质量、向市场投放新产品方面具有比较优势。"成长经济"视角的企业成长突出表现为企业资源的有效利用。

两种视角的企业成长概念有以下几点的根本区别：①成长经济认为，规模是一种状态，成长经济的获得是一个过程，这一过程使企业内部不断涌现出未使用过的生产性服务。因此，成长经济可以是规模经济，也可以不是规模经济；规模经济认为，企业成长是一个采用某种技术进行生产和销售的经济实体，而不用过多考虑具体的经营运作过程。②成长经济认为，企业成长是资源被更好利用的一种经济性；规模经济的企业成长则是由企业达到"最佳规模"而导致的经济性。③成长经济要求企业需要与内部和外部的利益相关者订立契约，获取企业生存的要素；规模经济提倡从经济、数量的"纯生产"角度来把握企业的成长。

（2）国内企业成长概念

20 世纪 90 年代初，国内学术界兴起对企业成长的研究。国内学者结合中国企业成长的实际情况发展了中国企业成长的概念，提出中国企业多维度成长的概念。几个具有代表性的国内企业成长概念如：杨杜（1996）认为企业成长是经营资源的最有效、最经济的积累、分配和利用的状态。张林格（1998）在杨杜（1996）研究基础上提出企业成长应表现为规模、多样化与竞争能力三个维度。汤文仙、李攀峰（2005）从知识积累和转换的角度提出，企业成长是一个规模扩展、知识积累和制度建设三者互动的过程，提出企业成长理论框架应该包括规模、知识和制度三个维度。汤明（2007）运用系统论的观点，分析影响企业生存和成长的内外环境因素，并建立企业成长的四维理论模型。四个维度分别是：资源层、制度层、文化层与成长轴。

国内学者关注企业成长"量"和"质"的结合。尽管不同学者对企业成长的界定各有不同，但基本上都认为企业成长包括"量"的增加和"质"的提高（杨杜，1996；邬爱其，2004；李柏洲、马永红，2006；周文、李晓红，2009；雷家骕，2012）。量的增长主要表现为：产品产量、销售额、利润、人员等方面的增加；质的提高一般包括：产品创新、生产过程技术创新、组织结构和管理方法的创新等。

2.3.2 企业成长决定因素研究

由于企业成长具有过程性、阶段性、周期性和复杂性等特征（雷家骕，2012），现有研究主要形成四个主要的理论体系：企业成长决定因素理论、企业成长过程理论、企业成长边界理论与成长时空结构理论。基于本书的研究需要，就前两种理论体系及相关研究进行简要回顾。

关于企业成长决定因素的研究是企业成长理论最基本的假设之一。从决定因素的来源可以把企业成长理论划分为"外生企业成长理论"和"内生企业成长理论"，两种理论对企业性质、企业成长的定义和企业成长要素的来源都有不同的解释。外生企业成长研究把企业假定为外生给定的、追求利润最大化的生产函数 $Y = f(X)$，也就是说，企业是一个能够自动地根据边际原则来决定要素投入（X）和产品产出（Y）的"黑箱"，企业的本质是一个契约的联结，企业的效率在于选择合适的契约行为来控制和激励企业的参与者。外生企业成长理论的经典理论包括规模经济理论、交易费用理论和产业组织理论等。内生企业成长研究则认为任何一个企业仅仅靠节约交易费用是难以生存和发展的，它还必须有能力向市场提供有竞争力的产品或服务。

（1）外生企业成长理论

规模经济理论认为，企业成长通过深化分工获得规模扩张，代表人物如 Adam Smith、Marshall 等古典经济学家。Adam Smith（1776）认为，劳动分工使企业的各项功能相互区别，并走向专业化，进而提高了生产效率、促进了企业成长。Marshall（1890）进一步指出，在企业规模扩大的过程中，企业战略的灵活性、企业家的精力和寿命都是企业维持竞争力的关键因素。Stigler（1951）提出企业应结合产业寿命周期解决规模合理性问题。

交易费用理论认为，企业成长就是企业交易成本下降而导致的企业边界的扩大，代表人物有 Coase、Williamson。Coase（1937）指出，企业具有不断扩大规模从而降低交易费用的倾向，由此，节约市场交易费用成为企业成长的动力，企业成长的原因在于对规模经济以及范围经济的追求。市场交易费用与组织费用的均衡水平决定企业规模大小。关于交易费用的定义，Williamson（1975，1985）进一步从资产专用性、不确定性和交易效率三个维度给出了解释，并提出企业"有效边界"的概念。交易费用理论中对企业成长的定义就是企业规模调整理论。

产业组织理论认为企业成长就是企业在市场中占有主动机会而且市场份额

增加，代表人物如 Bain、Porter 等。Bain（1959）提出了企业绩效和成长的"结构—行为—绩效"（Structure—Conduct—Performance，SCP）分析范式。Porter（1988）认为，企业成长很大程度上受到这一产业组织经济学范式的影响。对那些受企业市场势力操控的行业，如果存在着各种各样的进入壁垒，则成长绩效差异就能够持续存在。

（2）内生企业成长理论

资源基础理论（RBV）认为，企业成长是通过创新、变革和强化管理等手段积蓄、整合促进资源增值进而追求企业持续成长的过程，代表人物如 Penrose、Wernerfelt 等。资源基础观于 20 世纪 90 年代初兴起，Penrose（1959）提出企业成长的研究框架"资源—能力—企业成长"。这一基础框架表明，企业成长速度取决于企业管理能力，而管理能力是由企业稀缺资源（特指管理团队的知识和经验积累）所决定。企业成长，即管理资源的有效利用，包括两方面的内容：单纯数量上的增加，例如人们常说的产量、出口、销售的"增长"；数量的增长最终实现质量的提高。Wernerfelt（1984）深化了资源的内涵，企业成长的异质性资源包括组织能力、资源和知识等。Barney（1986、1992）提出 VRIO 模型，模型认为支撑竞争优势的资源应该是有价值、难以模仿、组织导向的稀缺资源。

Prahalad 和 Hamel（1990）侧重从能力方面描述企业资源，并提出系统的企业核心能力理论。Teece、Pisano 和 Shuen（1997）进一步提出了一个"动态能力"的分析框架。

有学者从资源运用的根源探析企业性质及其成长规律，如 Demsetz（1988）认为，企业是一个知识的集合体，企业的知识存量决定了企业配置资源等创新活动的能力，从而最终在产出及市场中体现出竞争优势；同时，知识具有难以模仿性，它通过具有路径依赖性的积累过程才能获得并发挥作用，使得企业的竞争优势得以持续下去；而由知识决定的认知学习能力是企业开发新的竞争优势的不竭源泉。

总的来说，资源基础观认为，企业竞争优势来源于企业内部，如资源、能力和知识这类相对稀有、难以模仿和替代而又有极高价值的资源（Barney，1991）。概括而言，外生企业成长理论关注产业结构、市场势力等企业外部因素对企业成长的驱动，而内生企业成长理论则更多关注企业在以更具效率和效能的方式来满足客户需求的能力上的差异。资源基础观流派关于企业成长决定因素汇总见表 2-7。

表 2 - 7 资源基础观流派关于企业成长决定因素汇总

学派	代表人物	企业成长动力
资源观	Penrose (1959)、Wernerfelt (1984)、Barney (1986) 等	企业是"资源的独特集合体",而企业的成长动力来自于企业所拥有和控制的难以模仿、难以交易的特殊资源和战略资产
能力观	Prahalad 和 Hamel (1990)、Foss (1993,1996)、Teece 等 (1990)	企业是"能力的独特集合体",企业成长的动力来自于企业的核心能力或动态能力
知识观	Kogut 和 Zander (1992,1996)、Spender (1996)	企业是"知识的独特集合体",蕴藏在企业或组织层次的社会知识或集体知识构成了企业成长的源泉

2.3.3 企业成长过程研究

企业成长过程理论,将企业的成长过程划分为不同的阶段,着重研究企业成长的发展阶段和路径,分别研究不同成长阶段的特征表现。在企业成长过程研究中,以企业生命周期理论最为经典。

生命周期理论认为,企业成长实质上就是企业从创立到消亡所经历的一个类似于生命体的、可以划分为不同阶段的周期,代表人物 Adizes。Mason Haire (1959) 首先把生物学中的"生命周期"引入企业成长问题中,最早提出"企业生命周期"的概念。Greiner (1972) 认为企业成长是"演变"与"变革"的交替向前发展的结果。演变(Invention)是指在长的成长期中,企业组织实践没有发生过大的动荡;变革(Innovation)是指企业中那些重大的动荡时期。Mason Haire 通过组织年龄、组织规模、演变的各阶段、变革的各阶段、产业成长率五个关键要素划分组织的成长阶段。Adizes (1989) 认为各个企业在生命周期的不同阶段会有一些共性的特征。通过对共性特征的了解,可以使企业了解自身所处的生命周期阶段,从而修正自己的状态,尽可能地延长自己的寿命。Adizes (1997) 进一步指出企业的生命周期划分为 10 个阶段。企业的成长与老化主要通过灵活性与可控性这两大因素之间的关系表现出来。

2.3.4 农业企业成长研究

农业企业是企业管理研究的新型领域。为了更好地发挥解决社会问题和创造经济价值等方面的积极作用，有必要弄清什么是农业企业的成长，农业企业的成长受到哪些因素驱动。本节梳理与整合农业企业成长的研究成果：首先，对农业企业成长进行概念界定；然后，区分农业企业的成长驱动因素，驱动因素包括内生和外生两个层面。

（1）农业企业成长的界定

国内对农业企业成长的研究处于初级阶段，已有研究按照实证方法大致可以分成两类：案例研究、上市农业企业的研究。在案例研究方面，学者主要引用生命周期理论，对农业企业的成长阶段进行划分，再对不同阶段的农业企业成长特点进行总结。按照侧重点不同，还可以把案例研究进一步细分为纵向视角和横向视角。①纵向视角。米运生、姜百臣等（2008）利用温氏集团的案例分析了农业企业导入期（诞生期）和成长期的经营模式、组织形式、资本结构的差异，以及这些因素交互影响对农业企业成长的影响。方行明、李象涵（2011）把雏鹰公司的成长阶段划分为四个阶段：自我养殖阶段、"公司＋农户"阶段、"公司＋基地＋农户"阶段、现代企业制度阶段，并分析了在农业企业不同阶段，企业的成长周期与其金融成长周期协调对接，融资手段不断升级。刘秀琴（2012）以农业企业从创业到成长不同发展阶段为研究脉络，分析了原生型农业企业社会资本的资源属性和结构特征的演变规律，结果显示：与工业企业相比，资源和风险双约束下的原生型农业企业的诞生和成长更多依赖于所植根的丰富的社会资本。②横向视角。杨振山、蔡建明（2007）提出都市农业加工型企业有两层成长机理：外层机理表现为制度平台、政府行为和社区沟通；内层机理表现为生产经营活动及其不断地扩张、创新和企业管理及市场的内、外部控制所形成的内核机理是企业发展的核心动力。张中赫、康之良等（2011）总结了辽宁美中鹅业公司的成长方式。

关于上市农业企业的研究方面，学者主要运用农业上市公司的序列数据或面板数据对农业企业成长绩效进行衡量。经典研究有：崔迎科、刘俊浩（2012）在研究农业省市公司科技研发资源配置效率时，用40家农业上市公司9年的面板数据进行分析。杨学儒、李新春（2013）研究农业创业企业成长时采用其最近三年销售额平均增长率和最近三年利润增长率来测量企业成长。刘志成、石巧君（2013）从企业规模扩大和效益提升两个方面来衡量农业上市公司企业成长绩效，通过对31家农业上市公司2009—2012年成长绩效分析发现，企业规模扩张比效益提升要好。

(2) 农业企业成长驱动因素研究

国内学者基于中国情境，从不同视角提出破解农业企业成长困境的方法，已有研究可以划分为两类：农业企业外部成长环境、企业内部行为。

关注农业企业外部成长环境。于亢亢、朱信凯（2012）基于全国10省110个县级现代农业经营主体发展状况的调查发现，无论从事粮食生产的农业企业还是从事养殖业的农业企业，土地流转速度与企业成长速度密切关联。黄迈、董志勇（2014）总结了农业经营主体在发展过程中遇到的外部扶持机制主要存在等级注册制度与信息监测机制、农村金融保险支持体系、新型职业农民培养机制不完善等问题。

关注农业企业内部企业行为。研究发现，融资方式创新、契约农业方式改进以及社会资本的应用均对农业企业成长有积极作用。首先，农业企业融资面临高风险和外部资本缺乏两大约束，学者积极探索农业企业融资方式创新。杨启智（2005）分析了农业高新技术企业融资具有高投入性、高风险性、高收益性、创新性以及资产的高度专用性等特点，指出股权融资比债权融资更适合于农业高新技术企业。姜岩、周宏（2005）研究发现，要素投入（资本和劳动）对产出增长的贡献份额为61.1%。米运生、姜百臣等（2008）以温氏企业为研究对象，研究了经营模式、组织形式、资本结构相互作用对化解融资风险的作用。方行明、李象涵（2011）指出面对中小企业融资难、农业企业融资更难的形势，农业企业可以通过自身的努力，创新融资模式，如与农户建立"双重融资""相互融资"关系，来化解资金"瓶颈"，实现规模扩张。其次，关注在契约农业中，农业企业的行为研究。最后，关注社会资本理论在农业企业成长过程中的作用，指出相对于非农业企业，组织社会资本在农业企业创立和成长过程中起关键作用。欧晓明、汪凤桂（2011）用东进农牧企业的案例研究验证：农业企业社会资本通过企业管理理念、对企业物质资本和人力资本发挥增效作用、非正式制度机理与约束三方面影响农业企业的发展。刘秀琴（2012）用社会资本理论和生命周期理论来解释原生型农业企业成长过程。敖嘉焯、万俊毅等（2013）针对社会资本对农业企业绩效的影响问题，以87家农业上市公司为样本进行了实证研究。

总而言之，农业企业的成长特点已经得到广泛的关注，但研究结果未能形成统一的理论；对不同行业农业企业的差异研究比较少，对农业企业成长差异的原因未能有效的把握；忽略了农业企业作为一个社区组织，其成长环境中的社区因素对农业企业的影响。

2.4　企业社会资本研究

2.4.1　企业社会资本概念研究

(1) 国外社会资本的概念界定

社会资本（SC）是来自西方社会学的概念，早期的西方社会资本研究主要关注个体对象。通过厘清个人层面的社会资本概念，有助于对组织层面社会资本概念的全面把握。西方学者们从不同的研究视角对社会资本进行界定，现有研究大体可分为资源观、能力观、结构观、综合观四个流派。国外经典社会资本概念汇总见表 2-8。

表 2-8　国外经典社会资本概念汇总

学派	代表人物	社会资本概念
资源观	Bourdieu (1986)	社会资本与一个群体中的成员身份有关，是现实或潜在的资源的集合体
	Coleman (1988)	社会资本是个人拥有的社会结构资源
	Lin (1999)	社会资本是嵌入于一种社会结构中的可以在有目的的行动中取得或动员的资源
能力观	Portes (1995)	社会资本是个人通过成员身份在社会网络中获取稀缺资源的能力。从自我嵌入的角度可以把社会资本划分为理性嵌入和结构性嵌入，嵌入网络的程度或类型的差异会导致个体社会资本的差异
结构观	Burt (1992)	社会资本是网络结构给网络中的行动者提供信息和资源控制的程度
综合观	Nahapiet 和 Ghoshal (1998)	社会资本是嵌在个人或社会个体占有的关系网络中，通过关系网络的实际或潜在资源的总和

20 世纪 70 年代，法国学者 Bourdieu 提出了最早的社会资本概念。他揭示了社会资本和一个群体中的成员身份有关，并强调这种身份不是自然赋予的，个体必须通过投资于群体关系这种制度化的战略来构建社会资本，而这种社会资本可以使行动者摄取经济资源、提高自己的文化资本、与制度化的结构建立密切的联系，也就是说社会资本是其他收益的可靠来源。Lin（1982）提出的社会资源理论，对社会资本概念的表述、指标测量和模型构建都做出了重要贡献。Lin 指出，社会资本就是"在具有期望回报的社会关系中进行投资"。

Bourdieu 和 Lin 都认为社会资本是一种具有工具性质的资源。Coleman（1988）指出，社会资本表现为义务与期望、信息网络、规范和有效惩罚、权威关系。然后，Protes 从能力视角界定社会资本概念。Portes（1995）认为，社会资本是指个人在网络或更广泛的社会结构中动员稀有资源的能力。Portes认为社会资本是嵌入的结果，借用 Granovetter（1985）的观点可以把社会资本划分为理性嵌入和结构性嵌入。另外一派影响深远的观点是结构观。Burt（1992）提出经典的"结构洞的社会资本"，他认为社会资本的网络结构受到网络限制、网络规模、网络密度和网络等级制等因素的共同影响。与资源观不同，结构观强调的是网络关系的形式，而前者更关注网络关系本身的内容。针对社会资本界定的争论，有学者总结了前人的看法，Nahapiet 和 Ghoshal 提出了社会资本的综合观。Nahapiet 和 Ghoshal（1998）把社会资本定义为，个人或社会个体通过关系网络的实际或潜在资源的总和，社会资本包括结构维度、关系维度和认知维度三个维度。综合观可以视为资源观的一种继承，但对社会资本的界定比资源观得更为具体。综合观对社会资本三维度的划分已经得到 Tsai 和 Ghoshal（1998）经验数据的验证。

以 Coleman（1998）为代表的国外学者开始突破个人层面，研究非个人层面的社会资本。他指出，组织社会资本利于实现特定的组织目标。20 世纪 90年代，管理学家开始广泛使用社会资本的概念来解释企业的社会经济现象，旨在解释企业拥有广泛的社会交往和联系紧密是否对企业成败影响深远。已有研究表明，企业社会资本本质上是一个多层次的概念，包含个人、部门和企业组织三个层次。国外研究表明，嵌入在个体社会网络中的企业家社会资本能够对组织层面的绩效产生积极影响（Peng & Luo，2000；Collins & Clark，2003）。

（2）国内企业社会资本的概念界定

本书关注的是企业层面的社会资本，并对国内主要的企业层面社会资本的概念进行简要评述。通过对西方社会资本概念的延伸，国内对企业社会资本的概念界定大致可以划分为三种：利益相关者取向、网络结构取向和综合取向。利益相关者取向是对社会资本资源观的继承，关注的是国内企业与其社会交往对象背后的资源。边燕杰、丘海雄（2000）从企业的纵向联系、横向联系和社会联系三个维度划分企业社会资本。石军伟、胡立君等（2007）基于对中国特定经济体制的考察，认为中国企业社会资本主要来源于市场和政府，企业社会资本可以划分为市场社会资本和等级社会资本两种。这一种社会资本的划分维度被陈承、王宗军（2013）等学者广泛应用于国内社会资本问题研究上。网络结构取向是承袭了结构观的企业社会资本概念，主张通过对企业网络规模、密度和异质性等网络特征指标的界定和测量，阐述企业网络结构对企业行动与绩效的影响。尉建文（2008）提出从组织和群体两个层面对企业的社会资本进行测量。综合取向的社会资本概念是对 Nahapiet 和 Ghoshal（1998）研究思路的延伸，综合了资源观和结构观两者的观点。韦影（2007）以结构维、关系维和认知维等三个维度构建制造业企业社会资本测量模型，并通过 142 个样本验证性因子分析结果表明，测量模型对国内企业具有较好的构建效度。

2.4.2　企业社会资本决定因素研究

边燕杰、丘海雄（2000）对企业社会资本差异性给出了两种解释：企业家能动论、结构约束论。已有的企业社会资本决定因素的研究，可以按照这一标准进行划分。

企业家能动论，是指企业家积极作用能对组织层面社会资本积累产生积极作用。企业家处于企业的核心地位，其网络属性和动员能力均对企业社会资本的成长和运作产生重要影响。边燕杰、丘海雄（2000）用受教育程度和行政级别来测量企业家的能动性，实证研究发现，企业家的受教育程度和行政级别与企业的社会资本量成正比关系。有学者提出不同意见，王凤彬、刘松博（2007）认为，企业社会资本也应该包括员工社会资本。在中国社会以人格化联结为显著特征，员工可以利用自身及企业资源生成个体层次的社会资本，并以一定比例转化为企业社会资本。

企业家能动论强调企业社会资本具有先天性，以及企业家等个体对企业社会资本积累的作用，另外一些学者发现，企业社会资本还来源于企业有意识或无意识的"投资行为"（郑胜利、陈国智，2002）。有关思想可以总结为企业社会资本的结构约束论。结构约束论，是指企业的生存和发展受到所有制结构、产业结构等因素的约束，企业的这种结构约束对企业社会资本有直接的驱动作用。已有研究可以进一步细分为所有权结构、产业结构两种。对于所有权结构，常荔、李顺才等（2002）提出战略联盟所形成的关系资源是企业社会资本的重要组成部分。企业社会资本形成条件主要包括：联盟成员间频繁的相互作用、组织的适应性、企业的特性资产投资以及企业间知识与信息的共享。姜波、毛道维（2011）研究发现，科技型中小企业技术创新绩效对企业社会资本中的强关系和弱关系具有正向促进作用。对于产业结构，石军伟、胡立君

（2005）采用完全信息静态博弈模型分析发现，企业社会资本来源取决于企业所处的网络社会资本含量。徐尚昆、杨汝岱（2009）通过分析世界银行对全国12个城市1268家工业企业的问卷调研数据发现，企业承担社会责任有助于企业获取更多的社会资本。

已有研究表明企业社会资本是建立在信任、持续互动的基础上。企业积累社会资本至少表现为以下几个特征：①企业社会资本的来源具有多样性，信任、规范和信息渠道都能成为企业社会资本的组成部分；②具有长期性，需要时间投入；③不能通过市场交易来实现，而是通过长期交往来积累，社会资本积累需要成本投入；④与企业自身特征以及其所在社会网络特性密切相关。

2.4.3 企业社会资本结果研究

不同学者对企业是否应该积累社会资本持不同观点。Gabbay（1999）提出对某些企业来说，企业社会资本可能存在"社会负债"，会对企业日后的扩张造成影响，影响行为主体目标的实现。更多的研究发现，企业社会资本至少在四个方面对企业成长产生影响。

首先，企业社会资本在企业的创业阶段发挥积极影响。姜翰、金占明等（2009）通过136家创业企业与230家企业的对照发现，运用商业关系资本能有效抑制创业企业在面对环境不稳定性时的机会主义倾向。杜建华、田晓明等（2009）访谈和调研了54家孵化器单位并同时问卷调查270家孵化企业，发现创业企业通过积累社会资本，提升企业动态能力，进而获得相对良好的创业绩效。

其次，企业社会资本对人力资本、金融资本等资源的积累和整合有积极影响。在人力资本方面，Burt（1997）指出，社会资本拥有量直接影响个体的职业满意度。王永（2007）指出，企业内部社会资本有助于形成优秀的企业文化、降低机会主义、减少企业契约成本、有效地促进企业内隐性知识的流动、弥补科层制度的弊端，外部社会资本则有利于对人力资本的整合。在金融资本方面，Uzzi和Gillesple（1998）指出，企业的融资次序受到企业与其贷款人之间的关系质量的影响。沈艺峰、刘微芳等（2009）以沪深两市47家中国房地产上市公司作为研究样本，研究发现企业社会资本量和从银行获取贷款的能力成正比，与企业融资结构的财务弹性也成正比。

再次，企业社会资本对企业能力有积极影响，如运营能力、知识吸收能力、技术创新能力等。

在运营能力方面，边燕杰、丘海雄（2000）指出企业社会资本对企业外部经营能力有显著作用。石军伟、付海艳（2010）运用 155 家中国企业的调查数据结果显示，企业市场权力受等级制社会资本影响，运行效率受市场社会资本影响。值得关注的是，当企业等级制社会资本越多，企业运营效率越弱。

Podolny、Page（1998）、Guthrie 和 Petty（2000）研究发现，企业处于不同的战略网络，对组织知识优化效果不同。周小虎、陈传明（2004）从企业知识理论视角指出，社会资本为企业知识活动提供了便利，它从结构因素、关系因素和认知因素三个维度影响知识创造过程。蒋天颖、张一青等（2010）实证发现：中小企业社会资本不仅直接影响智力资本，还通过知识共享与创造间接影响企业智力资本；智力资本在知识共享与创造和竞争优势之间起到了完全中介作用。

国外学者认为，企业社会资本会通过影响创新活动、创新过程和交易成本来影响企业技术创新（Tsai & Ghoshal，1998；Landry et al.，2002）。陈劲、李飞宇（2001）指出，因为技术创新是复杂而不确定的，所以技术创新过程不仅仅局限于企业内部，企业需要资源多元化，因此，需要加强企业与其他企业、供应商、用户、政府、大学之间的横向联系。林筠、刘伟等（2011）对国内制造企业的实证研究表明，企业社会资本的结构维度和认知维度对企业自主创新能力作用存在差异。

最后，企业社会资本充当企业资源与企业能力的中介变量。韦影（2007）通过多元线性回归分析和结构方程模型分析发现，企业社会资本水平通过吸收能力对技术创新绩效有正向影响。谢洪明、葛志良等（2008）通过对国内华南地区 172 家企业数据分析发现，内部社会资本与组织文化通过知识整合与核心能力对组织绩效产生影响。

2.4.4　农业企业社会资本研究

21 世纪以来，社会资本理论在中国农业经济、农村社会领域得到广泛应用，现有研究主要关注农户、农业企业两种农业经营主体。

（1）农户社会资本的研究

对中国农业和中国农村而言，农民始终是重要的经济主体。家庭是农民基本的决策单位，所以现有研究提出"农户社会资本"的概念。关于农户社会资本的内涵界定，张兵、孟德锋等（2009）用农户家人有无村干部和农户人情关系来描述农户的社会资本。郝朝艳、平新乔（2012）参考 Grootaert（1999）

的做法，提出农户社会资本包括政治参与度、外出打工情况、借贷能力和社会关系四个方面。高静、张应良（2013）基于社会关系强弱的角度提出农户社会资本可以通过利用社会资本的丰裕度、社会资本的强连带程度和社会资本的弱连带程度三个方面进行测量。

理论上而言，农民是理性经济人，会在一定的约束条件下选择能实现自身利益最大化的目标方案。各种非正式制度约束都会成为农民经济、社会行为的制约因素，其中社会资本对农户收入、融资行为、创业以及农村社会效益方面的影响日益深远。关于农户社会资本作用的研究比较完善，学者们引用国外社会资本理论，基于中国国情，研究在农村环境中社会资本对农户经济、社会行为决策的影响。已有研究表明，农户社会资本对农民家庭收入、融资行为、创业以及农村社会效益方面的影响日益深远。

农户社会资本在农户融资过程中，起到担保作用，有效缓解农村金融机构和农户之间的信息不对称问题，有效降低信贷风险，从而解决农户借贷难困境。叶敬忠、朱炎洁等（2004）发现，贫困农户主要从非正规金融渠道获得金融支持。任芃兴、陈东平（2014）对零利息和高利息并存的农村民间借贷现象进行分析，结合对典型案例的剖析发现，农户基于借贷交易和相关社会交易的综合收益做出借贷决策，借贷交易的最终结果是借贷双方以各自所拥有的社会资本为标准实现匹配。

农户社会资本与教育经历、外出务工经验、创新能力、创业氛围等其他因素影响农户机会识别行为，拥有更多社会资本的农户更倾向于创业实践。在城乡收入差距持续扩大的情况下，石智雷、杨云彦（2012）根据湖北和河南两省的 13 864 个农户抽样调查数据，建立农村迁移劳动力回流决策的影响因素模型，调查数据显示，家庭社会资本是农村人口选择外出务工或回流家乡就业的重要因素。当家庭社会资本值达到 0.455 或以上时，农户更倾向于回流家乡就业，但现阶段 70.5% 的受访中国农村家庭的社会资本未达到这一拐点值。郝朝艳、平新乔（2012）依据 2008 年和 2009 年的调查数据发现，拥有社会资本有利于农户的创业选择：社会资本水平越高，农户越有可能创业，并且越倾向于选择自营工商业。这是因为，农户积累的社会资本可以提升其融资能力，其对外融资的可得性随其社会资本规模的增长而提高。这意味着社会资本在农民走出低资产水平、低金融支持陷阱的过程中会起到积极作用。高静、张应良（2013）运用多元有序 Logistic 和 Probit 回归方法，研究发现：农户嵌入社会网络的规模正向影响农户识别创业机会的概率；社会网络中的弱连带网络规模和联系频率越大，农户越有可能发现创新性机会，但强连带网络对复制型创业机会影响不显著。

农户社会资本的不同维度对"公司＋农户"农业产业经营模型选择不同。黄祖辉、张静等（2008）对 327 份农户梨果交易行为研究发现：从事过非农职业的农户更倾向于把梨果销售给集团购买者。姚文、祁春节（2011）把农户社会资本分成亲戚朋友中是否有人从事茶叶加工或销售、家人或亲戚朋友中是否有人担任乡镇（村社）干部两个变量，并基于交易成本理论和中国茶叶优势产区 9 省（区、市）29 县 1 394 户农户的调查数据，采用有序 Logistic 模型，分析了农户选择鲜茶叶交易垂直协作模式意愿的影响因素，研究结果表明，不同社会资本特征对农户鲜茶叶交易中垂直协作模式选择意愿有显著影响。

农户社会资本对农村公共事业，如灌溉系统管理、新型农村合作医疗参与意愿有显著影响。张兵、孟德锋等（2009）用农户家人有无村干部和农户人情关系来描述农户的社会资本，并采用 2007 年苏北地区 243 户农户调查数据，分析了农户参与灌溉管理意愿的影响因素，并利用 Probit 模型研究了各相关因素对农户参与意愿的具体影响。研究表明，农户社会资本对农户参与灌溉管理意愿有显著影响。樊丽明、解垩等（2009）针对国内农民参与新型农村合作医疗的现象展开研究，通过 Logistic 模型实证发现，农民参加新型农村合作医疗存在社会资本的邻里效应。王昕、陆迁等（2012）运用 500 户微观调查数据，发现社会资本是影响农户支付意愿的重要变量。

（2）农业企业社会资本的研究

关于农业企业社会资本概念的界定，国内学者借用已有非农企业的研究，根据研究需要选用合适的农业企业社会资本维度。如周斌、李艳军等（2009）从资源观角度，把国内农业社会资本划分为市场关系资本、社会关系资本和内部社会资本三个维度。敖嘉焯、万俊毅等（2013）把农业企业社会资本划分为商业社会网络规模、商业社会网络强度、政治社会网络规模、政治社会网络强度、技术社会网络规模及技术社会网络强度 6 个测量维度。

从案例研究结果来看，农业企业社会资本对企业成长有积极作用。欧晓明、汪凤桂（2012）基于乡村文化及企业非正式制度视角，以惠州东进农牧股份有限公司为研究对象，提出农业企业社会资本通过影响企业管理理念变化、对非正式制度激励与约束、对企业物质资本和人力资本发挥增效作用等路径影响企业发展。刘秀琴（2012）引入生命周期理论，以农业企业从创业到成长不同发展阶段为研究脉络，分析了原生型农业企业社会资本的资源属性和结构特征的演变规律。结果显示，与工业企业相比，资源和风险双约束以及萌发于家族企业的伦理背景，使得原生型农业企业的诞生和成长更多依赖于所植根的丰富的社会资本。

从农业企业调查数据结果来看，不同农业企业社会资本对企业创新绩效或社会绩效的作用具有差异性。周斌、李艳军等（2009）构建企业社会资本对技术创新绩效影响的理论模型，用回归分析和相关分析等方法对79个农业科研企业调查数据进行实证研究。他们指出，相较于非农企业，农业科研活动具有资金需求较大、周期较长、风险较高等特点，而且农业企业自身的科研部门较小、科研实力较弱以及科研投入相对较少，所以农业企业的科技创新主要依靠外部环境，依靠高校和科研院转让或合作开发新技术。然而，周斌、李艳军的研究并未区分农业企业社会网络资源异质性特征，以及忽略了社会绩效对农业企业的重要性。针对以上研究空白，敖嘉焯、万俊毅等（2013）针对社会资本对农业企业经济和社会绩效的影响问题，以87家农业上市公司为样本进行了实证研究，结果表明对于农业企业而言，经营者更应注重培育社会网络关系的强度，因为"强关系"或者"深背景"更有利于农业企业经济和社会绩效的提高。

关于企业社会资本的研究文献非常丰富，已有研究证实不同的企业社会资本对企业成长有不同程度的积极作用。国内学者运用社会资本理论解释农户行为、国内农业企业成长问题，也取得了较为成熟的研究成果。但现有的研究对于企业社会资本的提升方式还存在分歧，在具体的组织情境下，如何进行选择以顺畅和低成本的方式进行社会资本积累也未能得到有效探讨。

2.5 简要评述

关于企业社会责任行为与企业效益相关关系的研究在西方国家早有开展，已有企业社会责任研究主题逐渐从"需要做"向"如何做"转变。在中国，学者关注国内企业社会责任行为的影响因素，并基于本土企业数据对企业社会责任行为与企业财务绩效、企业价值和竞争优势的关系进行了实证研究，这类研究有利于了解企业社会责任行为对企业经济效益的影响特点和规律，帮助企业更好地制定社会责任战略决策。

现有研究不足：①国内外关于特定行业的企业社会责任行为的研究工作还不多。②关注企业社会责任的短期作用，忽视企业社会责任的长期作用。③关注在不同环境中情境因素对企业社会责任的影响作用,忽视企业社会责任在不同情境中效用的差异。④国内企业社会责任方面的实证研究存在不足之处:首先,部分实证研究从企业社会责任行为的总量上研究其对企业效益的影响,即把企业的各种社会责任看成是同质的,缺乏对企业社会责任具体内容的分析。而事实上,不同企业社会责任对企业效益的影响未必相同。因此,研究不同维度的企业社会责任对企业效益的影响就很有必要;其次,在实证方法上存在一些缺陷。有的研究集中考察一年的横截面数据,样本容量偏少,会影响模型拟合效果,企业社会责任与企业效益是一个长期的作用关系,短期内二者的关系或许并不显著。有的研究引入了企业效益的滞后变量,但仍然未能解决多重共线性的影响。

第3章 理论模型

3.1 概念界定

3.1.1 农业企业

中国农业已经进入农业多功能阶段（乌东峰、谷中原，2008；宋玉军，2010）。农业多功能强调农业社会和生态等非商品生产功能是农业区分于非农产业的重要标志，所以对农业企业的界定需要同时体现农业的经济属性和社会属性。在这一背景下，本书借鉴马少华、欧晓明（2013）对中国农业企业的概念界定：法律层面，农业企业是依法实行自主经营、自负盈亏、具有法人资格的盈利性经济组织，是法律所确认并保护、相对独立的商品生产者和经营者；经济层面，农业企业以现代化企业的生产经营方式为主，直接从事农、林、牧、渔、副业的农产品的初级生产、加工、贮运、销售或是产供销一体或服务为主营业务，其产品同时兼具需求价格缺乏弹性和需求交叉富有弹性的特点，或加工、销售需求缺乏弹性的农副产品；社会层面，农业企业以解决"三农"问题为宗旨。

尽管有学者提出，股份制和农业合作经济组织也属于农业企业的一种形式（李达球，2003；刘良灿，2006），但本书和大多数研究农业经济的学者持一致意见：我国农业企业是区别于种养大户、家庭农场、农民专业合作社之外的一种农业经营主体（黄祖辉、俞宁，2010；孙中华，2012；张照新、赵海，2013；楼栋、孔祥智，2013）。

关于农业企业的生产经营特点，可以归结为两个方面：一方面，农业企业具有一般企业的共性，如以盈利为目的、生产经营受到宏观政策影响等；另一方面，农业企业生产经营受到产品特性、产业特性和环境特性等特点的综合影响，具体表现为四点：

（1）农业企业的产品具有食用性和同质性

农业企业提供的产品跟人们生命健康直接相关，所以个别农业企业的安全事件容易引发消费者对全行业信任危机。"三聚氰胺事件"导致消费者对国产乳业的信心持续下降，进口奶粉大量涌入国内市场，对我国乳制品行业造成巨大冲击。因此，农产品的食用性要求农业企业必须生产安全农产品。另外，农产品的同质性会导致农业企业面临更加激烈的行业竞争。

（2）农业企业对自然资源的依赖性高

农业劳动必然与土地及其他自然资源的自然状态相联系，受地理环境、气候、土壤等自然条件的影响，带有严格的区域性。农业企业对自然资源，特别是土地资源的依赖性高。土壤及肥力、耕地资源、气候、自然因素等都直接影响农业企业生产布局和区域扩张发展。

与其他农业经营主体不同，农业企业生产经营依赖农业规模效应，这对农业企业所需要的生产要素的数量和质量都有相应的要求。"以家庭承包经营为基础，统分结合的双重经营制度"是中国农村的基本经营制度，当前中国农村的主要生产经营活动主体是掌握着"小规模、分散化、细碎化"土地使用权的农民家庭（罗必良、欧晓明，2012），这意味着，大多数农业企业创业所必需的主要生产要素——土地的获取（仅仅是经营权或使用权）将会面临很大难度。因此国内大部分农业企业表现出规模小、效率低等特点，我国农业企业产业群聚集效应尚未形成。

（3）农业企业面临较高行业风险

与非农业企业相比，农业企业除了面临激烈的市场风险外，还面临高度不确定的生产风险。在生产风险方面，农产品是不可间断的生命连续过程的结果，尽管可以把农业生产简单地分为产前、产中、产后几个环节，但产品质量取决于农产品生产经营的所有环节。所以与非农业企业相比，农业企业生产经营受到自然力的影响，具有较大的生产波动性。市场风险方面，农业生产绝大多数原料都是鲜活产品，保质储存难，易腐烂变质，会在很短时间内失去其利用价值。与自然的生长周期相联系的特性使得农产品具有严格的季节性、上市时间的集中性，导致农业企业需要在短时间内实现产品价值，面临更加激烈的市场竞争。

（4）农业企业经营受到农村社区环境及文化共同影响

首先，农业生产对资源、生态和环境产生的影响超出了自身的生产范围。对自然资源的依赖决定了农业生产必然会对农业资源、生态和环境以及农村居民的生活发展环境产生直接的影响。因此，农业企业在进行生产决策时应该考虑这些生态环境因素，从而使农业生态功能得以发挥。其次，农业的地域分布特征使得农业生产区域与农村生活区域重叠交叉，除具社区的一般特性外，与城市社区相对应还具有一些特点（罗必良，2001）。农村社区特性决定农业企业与当地农户的交往不局限于分工参与、职业参与还有更广泛的商业参与和社会参与。

3.1.2 农业企业社会责任

科学地界定企业社会责任的内涵并对其进行实证测量，是企业社会责任研究领域的基础工作。本书综合纵横两个维度对农业企业社会责任的内涵和外延进行界定。

在纵向方面，本书借鉴 Carroll（1991）的金字塔模型来分析中国农业企业情境下企业社会责任的内涵，探讨不同维度社会责任对企业成长的作用。之所以选用金字塔模型，主要基于两方面的考虑：首先，金字塔模型能够比较有效地界定农业企业社会责任，有效避免出现社会责任交叉、重叠的现象；其次，金字塔模型重视经济责任的基础性作用，认为经济责任是其他社会责任实现的基础，这对于国内农业企业履行企业社会责任有合适的引导作用。受到农业天然生产风险的影响，农业企业经营风险比非农企业要高，在资源匮乏的情况下，经济责任在农业企业成长过程中起着基础性作用，经济责任是农业企业履行其他社会责任的前提，也是农业企业安身立命之本。

在横向方面，借鉴战略社会责任思想，从农业企业基本社会责任和特定社会责任两个方面考察农业企业社会责任的外延。基本社会责任是指农业企业作为一个盈利组织和一般企业一样所共同具有的企业社会责任，如追求能够增加利润的机会、追求长期投资回报最大化；特定社会责任是指农业企业在特定的产品特性、产业特性和环境特性的影响下，围绕"三农"问题而对农户等关键利益相关者所做出的社会承诺。横向维度的农业企业社会责任，特别是特定企业社会责任是对金字塔模型的四个维度的补充，目的是有效地解释在特定行业中的企业社会责任。

本书界定农业企业社会责任 4 个维度的基本内涵，如图 3-1 所示。

（1）经济责任

与非农业企业一样，农业企业首先是一个以盈利为目标的经济组织，所以农业企业社会责任首先表现为保障投资者利益、追求良好的经济效益、提高企业竞争力等方面。农业企业的经济责任应该包括，建立完善的公司治理结构，对外披露社会责任信息等。农业是一个弱质产业，农业企业面临比非农企业更严峻的市场竞争，农业企业只有盈利才能不断发展壮大，获得最基本的生存发展机会，所以农业企业经济责任首先表现为保持盈利。

　　与非农企业相比较，农业企业经济责任还突出表现为对农户的责任、对消费者的责任两个方面。首先，农户是农业企业价值链上重要的利益相关者之一。在以家庭承包经营为基础、统分结合的双层经营体制基础上，国内农业企业普遍选择"公司＋农户"模式扩大农业经营规模，农户成为农业企业的上游利益相关者，农户的生产经营行为对农产品的质量有直接影响。农业企业通过履行和农户签订的协议和农户形成利益共同体，通过稳定的利益联结机制能够有效提高农户的生产能力、降低农户生产经营的风险，保障农户获得稳定的收益，从而达到双赢的效果。假若农业企业把自身利益凌驾于农户利益之上，会导致农户参与农业产业化经营的积极性降低，使农户在土地投资、农产品种养过程中出现短期行为。其次，农业企业对消费者的责任集中体现在为消费者提供质量安全的农产品方面。农产品具有食用性，与人的健康息息相关，这要求农产品生产必须要达到一定的技术水平，使农产品质量达到标准。

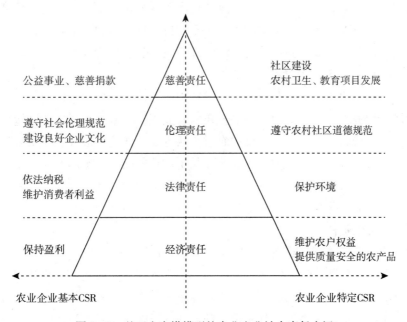

图 3-1　基于金字塔模型的农业企业社会责任内涵

（2）法律责任

　　法律责任是指农业企业遵纪守法，按照相关法律法规履行政府为其规定的义务。与非农企业一样，农业企业在经营过程中也必须遵守《劳动法》《环境保护法》《矿产资源法》《水法》《消费者权益保护法》《产品质量法》以及有关社会保障和劳动安全的具体规定等。

相较于非农企业，农业企业法律责任还突出表现为对生态环境的责任。因为农业本身就是一个天然的生态调节体，农业作业对象的生物学特性使得它在国土整治、动植物保护、生态优化等方面发挥着天然的调节作用，所以农业企业在生产经营过程中使用化肥、杀虫剂等，都会通过自然循环系统对土壤、空气和生物多样性造成影响。而且，农业劳动必然与土地及其他自然资源的自然状态相联系，使得农业企业的生产经营活动对农村社区环境有着明显的影响，进一步对农村社区居民生活造成影响。由此，农业企业在盈利过程中必须同时注意履行以下社会责任：在生产经营过程中，要合理控制农药、化肥的使用；降低资源和能源消耗；降低污染物和废弃物排放。

（3）伦理责任

伦理责任是指农业企业应该遵循那些已经被社会所公认但尚未成为法律的伦理规范。与非农企业一样，农业企业也需要遵循对员工、对消费者等多个利益相关者的伦理规范。对员工的责任表现为投入资源培训员工，提高员工的综合素质，帮助员工成长。对消费者的伦理责任主要表现为，诚信经营，提供健康的生态食品，保护消费者的权益等。

与非农企业相比，农业企业还需要特别注意遵守农村社区道德规范。由于农业对自然资源特别是土地资源的依赖，农业生产区域与农村生活区域呈现高度重叠交叉特点，农业生产对维护农村生活方式及文化，形成农村田园景观等方面都起着非常重要的作用。农业非商品生产功能的联合生产特性，使得农业企业的生产经营活动或多或少与农村社区有着密切的联系，因此农村社区的道德规范与农业文化对农业企业的生产经营活动有着显著的影响。

（4）慈善责任

农业企业慈善责任是指企业除了生产经营活动外，积极参与社会、社区公益事业、福利事业等，是农业企业成为一个优秀企业的表现，一般被归类为企业自行裁量的责任。具体而言，农业企业慈善责任包括以下几个方面：对于从事农业生产的社区大力支持其农田水利等基础设施的建设；为社区居民提供就业机会，提高社区居民的就业率；同当地政府和居民建立起良好的关系，促进当地经济和社会的发展；积极创建校企合作平台，推动农业科技进步；积极参与社会主义新农村建设，支持新型农村合作医疗、卫生、教育等项目的发展；积极参与公益事业、慈善捐款等各项活动。

3.1.3　农业企业成长

结合企业成长决定因素研究企业生命周期理论的基本思想，本书从内生成长的视角定义农业企业成长。农业企业成长是一个过程，在这一过程中农业企业会受到内外部成长因素的共同影响，而且农业企业处于不同的生命周期阶段，在不同的成长阶段所面临的影响因素或同一影响因素的影响程度不同。关于企业成长决定因素，应用 Penrose（1959）、Wernerfelt（1984）、Barney（1986）等学者提出资源基础观中对企业成长因素的界定，农业企业的成长决定因素是企业所拥有和控制的有难以模仿、难以交易等特征的特殊资源和战略资产。关于企业成长过程，各个农业企业在生命周期的不同阶段会有一些共性的特征。通过对共性特征的了解，可以使农业企业了解自身所处的生命周期阶段，进而更有效地利用企业社会责任破解资源上的限制，尽可能地延长自己的寿命。

农业企业成长是一个过程，所以对企业成长绩效的衡量不只局限于农业企业短期效应，如财务增减或规模方面的变化。农业企业成长的衡量应该同时包括短期成长效果和长期成长效果两个方面。短期成长效果是指农业"量"的增长，具体包括：产品产量、销售额、资产、利润、人员等方面的增加，可以将这类指标定义为"短期成长绩效"；长期成长效果主要是指农业企业"质"方面的提高，具体包括生产过程技术创新和产品创新，组织结构、经营制度和管理方法的创新和塑造优秀企业文化等方面，可以归类为"长期成长绩效"。

3.1.4　企业社会资本

企业社会资本是社会资本的一种特殊形态，它存在于企业或组织层面，与个体层面社会资本具有显著的差异。基于资源观视角，Lin（2001）、石军伟、胡立君（2009）等学者对企业社会资本进行定义，嵌入在企业社会网络中的关系资源以及对其资源的动员能力。根据社会资本的对象不同，农业企业社会资本可以进一步划分为等级社会资本和市场社会资本。等级社会资本是指企业与行政机构的关系网络资源及对该网络资源的动员能力，市场社会资本则是指企业与商业合作伙伴等的社会关系网络资源及动员能力。可以认为，当企业面临资源稀缺的困境，农业企业可以通过运用企业社会资本获得额外的有形或无形资源，从而达到提高企业绩效的目的。

值得一提的是，本书关注的是农业企业的外部社会资本。Mette（2006）提出，比单纯局限于股东、管理者和员工等内部利益相关者，从外部利益相关者的角度来研究企业社会绩效形成机理更有助于考察企业社会责任的效用。为了更有效展示农业企业社会责任的效用，本书着重考察企业外部社会资本在企业社会责任和企业成长中的作用机理。

3.1.5　企业能力

基于核心能力观，Prahalad 和 Hamel（1990）提出核心能力就是企业以比竞争者更低的成本和更快的速度开发出具有差异性的创新产品。

核心能力的作用在于控制产品成本与品质形成短期竞争优势，并且能够比竞争者更快速且更低成本地建立起核心能力体系。本书关注农业企业两方面的企业能力：制造能力和市场能力。制造能力可以通过农业企业的生产成本、产品质量、制造柔性和交付速度来衡量（White，1996）。市场能力是指企业建立和管理与客户、分销商之间的长久关系的能力（Day，1994），该能力可以帮助农业企业及时预测客户偏好变化。

3.1.6　制度压力

新制度理论认为，企业置身制度环境中，企业会感受到来自制度环境关于企业合法性的压力，即制度压力。制度环境对企业产生源于规制合法性、规范合法性和认知合法性的制度压力，制度压力进而影响企业行为，遵循着"制度环境—制度压力—企业行为"的逻辑（郝云宏、唐茂林等，2012）。Scott（1995）根据合法性类型，进一步把企业感知到的制度压力划分为三种：制度压力、规范压力和认知压力。

3.2　理论假设

3.2.1　基于资源基础观的分析框架

基于已有企业社会责任研究和资源基础观理论建立本书的分析框架，如图 3-2 所示。

从企业成长的视角探索企业社会责任的效果。资源基础观认为，有价值的、稀缺的、不可模仿和不可替代的资源是企业持续竞争优势的源泉（Barney，1991，2001）。通过内外部资源整合，提升动态能力，才有助于企业应对

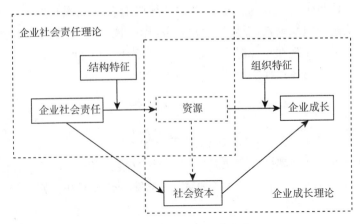

图 3-2　本书理论分析框架

　　激烈的市场竞争，促进企业成长。企业社会责任研究结果表明，企业通过履行社会责任对积累人力资源、社会资本、企业声誉等资源有积极效果。由此可推断，资源识别、资源获取是企业社会责任对企业成长作用机理的关键环节。企业通过履行社会责任，从企业外部识别和获取资源，使资源不断地进行更新与匹配，由此形成动态能力将为企业成长带来持续竞争优势。

　　企业自身的资源是有限的，从利益相关者视角探讨企业社会责任与企业成长的中介作用机理。资源基础观认为，企业通过履行社会责任，满足利益相关者需求，从而识别和获得企业成长所需要的资源，促进企业成长。显而易见，资源的形式是多样的，但仅仅以资源基础观不足以完整解释企业社会责任与农业企业成长的关系，因为它忽视了企业自身资源是有限的，而且农业企业的很多资源都内嵌于特殊的社会网络当中。根据社会资本理论，关系网络是企业资源的基本组成部分，在企业竞争优势的产生与维持中扮演者关键性的角色。先前研究指出，企业社会责任对企业社会资本积累有显著积极作用。由于先前研究也在一些侧面证实了企业社会资本对农业企业成长有显著影响，因此可以初步推论，企业社会资本可能作为社会责任与农业企业成长关系中的重要中介变量。出于上述考虑，以企业社会资本为中介变量，构建企业社会责任对农业企业成长的潜在影响路径模型。

　　基础资源观认为，企业成长会受到企业所在成长环境的影响。农业企业有着迥异于非农企业的成长特征、政治环境、行业环境，要想真正了解农业企业社会责任的作用，不能脱离其所根植的成长环境。要分析企业内外不同情境对企业社会责任与企业成长关系的影响，必须以农业企业成长环境差异为切入点，本书从企业组织因素和结构约束特征的两个视角进行探索。农业企业的组织特征差异主要体现在企业能力和企业成长阶段两个方面，而农业企业的结构约束特征差异主要体现在制度压力和行业类型两个方面。

3.2.2 企业社会责任对农业企业成长的影响

（1）资源基础观关于企业成长决定因素的研究

根据资源基础观理论，资源是以多种形式存在于组织中，包括有形资产、无形资产和组织知识等。无论哪种形式的资源，都离不开识别资源和获取资源。在资源整合过程中，资源识别是起点，资源获取过程是关键，而有价值资源的获取是企业形成和拓展核心能力和动态能力的关键因素。基于稀缺资源所形成的动态能力具有无法模仿的特点，是企业维持竞争优势的关键。然而，这些研究并没有特别关注中国农业企业的特性。在中国农业企业中，资源识别和资源获取对农业企业有特别重要的意义。

资源识别与农业企业成长。资源识别实质是一个信息传递过程。"信息"是企业能力的核心要素，在企业适应外部环境的这一过程中起到了关键作用。企业管理者搜索和更新与环境变化相关的信息，无论是动态更新和释放资源，还是有效协调组织内部资源，均需要顺利地和内外部环境传递和接受信息。信息对农业企业的生存和发展有着至关重要的影响。对市场变化信息比较敏感的农业企业，能够及时对市场需求、政府相关政策变化做出反应，因而能够先于竞争对手采取应对措施。相反，不注重收集和分析信息或者对市场和竞争的变化响应缓慢的农业企业容易在激烈的市场竞争中失去了已有或本应该获得的竞争优势，严重的话，甚至引致农业企业加速衰退。

资源获取与农业企业成长。竞争优势只有在资源获取之后才产生，所以资源获取是企业能够在行业激烈竞争中得以生存并保持持久竞争优势的关键环节。在农业行业中，能够形成持久竞争优势的资源往往只掌握在少数企业的手中，特别是土地资源、金融资源和人力资源，这几方面的资源很难在不同的企业之间自由流动，所以农业企业保持良好成长态势的关键就在于以比竞争对手更低的成本获取资源、比竞争对手更快地获得资源、获取比竞争对手更高质量的资源。

综上所述，根据环境的变化，识别和获取其竞争优势建立所必需的资源对企业成长会有积极的促进作用。

（2）农业企业社会责任的不同维度对企业成长的影响

资源是农业企业成长过程中的基本投入要素，但农业企业面临市场不确定性，信息不对称问题及发展前景不确定性使农业很难获得资源所有者的支持。因此，资源识别和获取是农业企业成长的一个重要决定条件。当农业企业未能从正式市场上有效识取或者识取资源的成本较大时，基于企业社会责任建立的信息机制和声誉机制将变得尤为重要。另外，与一般企业一样，农业企业是一个营利性组织。从工具性观点出发，农业企业履行企业社会责任所得到的经济收益应该可以达到或者超过履行社会责任的成本，否则农业企业履行企业社会责任没有驱动力。由此推断，提出假设：

H1：农业企业社会责任与企业成长绩效之间显著正相关。

在企业资源有限的前提下，农业企业社会责任的投资也遵循着"利益相关者权衡假说"，即由于企业资源有限，农业企业需要在不同利益相关者之间进行权衡。因此有必要对农业企业社会责任的不同维度与企业成长绩效关系进行进一步的分析。

经济责任与成长绩效。经济责任对农业企业成长的作用主要表现在两方面：防御风险和获取回报。作为社会中的一分子，农业企业通过交易从农户那里获得生产所需的固定资产、原材料，经过加工、流通后出售给外部消费者，同时在规模扩张的过程中还需要向银行、投资者寻求资金支持和地方政府的政策支持，农业企业的成长过程与内外部利益相关者息息相关。在信息不对称条件下，逆向选择使得帕累托最优的交易不能实现，从而影响了农业企业价值和社会效率。在信息不对称情境下，农业企业社会责任成为重要信息渠道，成为企业强制性信息披露之外最重要的信息渠道，有助于增强农业企业的资源识别能力。对于农业企业，承担诸如安全生产、保证农产品质量安全等经济责任的效用是显著的，对降低企业生产经营成本、防御风险等方面有积极作用。另外，农业企业可以通过履行经济责任获得良好的经济回报，这种经济回报是产生竞争力的重要源泉也是履行其他社会责任的基础。寇小萱、赵春妮（2014）于 2013 年 7 月对 178 家企业调研数据实证发现，企业经济表现对企业竞争力具有显著影响，系数为 0.902，在所有的企业社会责任表现中，企业经济表现对竞争力的贡献率最高，为 39.2%。由此推断，提出假设：

H1a：农业企业经济责任与企业成长绩效之间显著正相关。

法律责任与成长绩效。农业企业作为一个合法经营机构，首先应该依法纳税和遵守法律。通过遵循企业社会责任法律标准，重新设计企业的流程与机制，规范企业的生产经营与管理，能有效使农业企业获得持续的经济与社会效益。另外，中国各级政府对农业企业成长资源识别和获取都有一定影响，农业企业通过履行法律责任，与政府机构建立有效的信息沟通渠道，从而对资源产生积极作用。由此推断，提出假设：

H1b：农业企业法律责任与企业成长绩效之间显著正相关。

伦理责任、慈善责任与成长绩效。伦理责任、慈善责任与法律责任最大的区别在于，这两类责任受到非正式制度约束、强制性较弱，同时，相对于经济、法律责任，不履行这两类责任的后果没有那么严重。本书认为，农业企业履行伦理责任和慈善责任，在短期内会对其核心竞争力产生一定的负面影响，因为企业社会责任成本会造成农业企业的流动比率、利润增长率降低，造成一定的资源压力，所以农业伦理责任和慈善责任对企业短期成长绩效作用不显著。从长远来看，农业企业关注关键利益相关者的伦理责任和慈善责任，对树立企业形象有一定积极效用。特别是与农村有着天然关系的农业企业关注农村社区农户的伦理道德的需求，符合政府及广大群众对农业企业的期望，对农业企业声誉资源的积累有积极促进作用。农业企业社会责任具有多层次的特性，使得利益相关者获得的好处也具有多层性特点。企业社会责任对利益相关者带来好处主要包括三方面：功能性好处、价值好处和心理好处。功能性好处通常是一一对应的，也就是说企业对某一利益相关者的责任行为能够改善企业与这一利益相关者的关系质量。价值好处和社会心理好处是一对多的。在农业行业中具体表现为，农业企业对农户的社会责任行为不仅能改善企业与农户之间的关系质量，也能改善企业与当地政府之间的关系质量。国内学者也大都认为，企业的持续竞争优势不仅来源于与自己建立正式契约关系的利益相关者，还来源于与自己没有正式契约关系、但受自己行为影响或者会影响自己存续和发展的利益相关者（李庆华、胡建政，2011）。由此可以推断，农业企业积极履行伦理责任和慈善责任与农业企业长期成长绩效有显著积极关系。据此提出假设：

H1c：农业企业伦理责任与企业成长绩效之间显著正相关。

H1d：农业企业慈善责任与企业成长绩效之间显著正相关。

3.2.3 企业社会责任对企业社会资本的影响

根据利益相关者理论，从中国农业企业外部关键利益者视角分析社会资本在企业社会责任与企业成长之间的作用机理。农业企业外部关键利益相关者主要包括：农户和合作社、消费者、政府。第一，农业企业社会责任对农户、合作社合作关系的影响。农户和农民合作社是农业企业产品原料的供给者，如果失去了农户或农民专业合作社的合作和支持，农业企业的农产品来源及其质量将无法得到保障。中国农业企业与农户一般采取"公司＋农户"联盟的订单方式运行。然而，由于农业风险的客观性、不确定性和复杂性，协议签订产生契约风险和监督成本。在农村传统文化的影响下，非正式制度、熟人社会等社会规范会进一步加剧合作契约的不稳定性。农业企业通过带动农民增收、帮助农民就业、提高农民农业生产技能等实践，增加农户对农业企业的信任，以实现企业与农户、农民专业合作社之间的顺利合作。譬如，中储粮集团通过采取优质优价订单收购、二次返利等措施，建立服务农民长效机制，并且通过对农民生产技能水平培养的投入，培育农民成为"农民经纪人"，把农业产业链延伸至粮食加工、营销等领域，并把增值价值返回给农民，进一步扩大和巩固与农户之间的合作网络。第二，农业企业社会责任对消费者信任的影响。消费者是农业价值链的终端。农产品价值通过消费者购买行为来实现。农产品市场的逆向选择现象既不利于消费者购买需求的满足，也不利于农业企业获得较高的利润。社会责任行为就成为农业企业向消费者提供正确信息的有效渠道。农业企业通过建立产品源头的安全性和可追溯性系统，保证产品的安全，帮助农产品获得安全品牌认证。在同质性高的农产品市场当中，获得"无公害农产品""绿色产品"和"有机产品"等产品认证有利于农业企业在中国消费者对优质食品需求不断增长的前提下获取有利的市场竞争地位。第三，农业企业社会责任对政府信任的影响。地方政府在农业经济中起到两个很重要的作用：通过招商引资政策发展当地经济，解决当地社会问题，不断完善和创新服务机制，提高支持力度，促进其发展；通过建立土地流转风险防控机制，监督农业企业对流转土地的使用情况，防范企业闲置、浪费流转耕地资源，恶意囤积土地和改变土地使用用途等行为。农业企业通过减少环境负面影响，发展自然友好型农业经济，对于耕地保护和农村土地资源的有效利用发挥着重要作用；农业企业通过技术创新，衍生农业价值链条，对于农村产业结构升级完善和吸收农村剩余劳动力发挥着重要作用；农业企业通过发展农业经济，完善当地社区的公共建设，对新农村建设有着积极作用。由此可见，农业企业社会责任与我国政府目标是相互一致的，所以积极履行企业社会责任的农业企业能够获得各级政府的信任。基于以上分析，提出假设：

H2：农业企业社会责任与企业社会资本之间显著正相关。

3.2.4　企业社会资本的中介作用

农业龙头企业发迹于农业，与农村、农民、农村社区保持着始终无法割裂的天然联系，这决定了社会资本、非正式制度对农业发展、农村繁荣，以及农民行为方式的选择等的影响可能会更深远（欧晓明、汪凤桂，2011）。农业企业与利益相关者之间社会资本存量决定农业企业成长的情况。

关于政府社会资本对农业企业成长的影响。农业企业肩负着发展农业经济功能、社会功能和生态功能等多方面的责任。顾及农业生产的特性和中国"三农"问题的特殊性，国家和各级政府对农业企业实施扶持措施。这些措施就成为"公司＋农户"联盟的外部支撑性资源，能抵御农业所面对的生产风险、组织风险、合同风险和制度风险。农业企业依靠相关的优惠政策，通过优惠的贷款政策和贴息政策和农户开展不同形式的合作，对扩大农业规模经济有着重要的作用。政府还掌握了各种农业企业经营所需要的关键信息。农业企业的政府性社会资本越多，就在企业与政府之间建立了非正式的信息流通渠道，对农业企业掌握最新的农村土地流转政策法规、办证流程、土地流转动态信息、土地求租、转出信息、承包经营权证书信息等有着重要作用。

关于农户社会资本对农业企业成长的影响。在中国的传统村落，由于宗族和血缘力量的绝对主导地位，国家力量的介入和改造不深，市场和资本的力量也不能大举侵蚀村民关系而使村民之间的关系趋于利益上的理性化（刘伟，2009）。在这一背景下，以农户的获利水平为约束条件，公司与农户之间合约的稳定性直接取决于两者社会资本的存量而不是合约的具体条款。所以，农业企业与农户之间的社会资本对于农业企业与农户间的合作关系起着重要的作用。基于以上分析，提出假设：

H3：农业企业社会资本与企业成长绩效之间显著正相关。

识别和获取外部资源成为农业企业成长的关键环节，资源基础观指出网络关系是企业获取生存和成长所需要资源的关键途径，借助网络关系识别和获取资源已经成为农业企业经营管理者的选择。

农业企业的社会属性决定了相对于非农企业而言，农业企业的经济活动更容易受到农村社区文化以及非经济活动的影响。具体表现为，首先，中国农业企业家通过土地流转创办企业与当地农户保持经济契约关系。农民企业家发展家乡事业使得家乡经济受益，在解决当地农业劳动力就业、提高农民收入以及改善农民生活等方面发挥着重要的作用。其次，农业企业在特定区域内与区域内部农户产生各种合作契约关系。最后，发轫于农村的农业企业在发展社会主义新农村方面发挥着重要作用。综合而言，农村社区的政治、经济、文化、习俗对我国农业企业有重要的影响。社会责任可被视作由多个经济组织与非经济组织所组成的复杂系统的经济行为和非经济行为的融合（郝秀清、全允桓等，2011）。因此，引入企业社会资本可以有效透视农业企业社会责任与企业成长之间的关系。企业社会责任通过积累企业社会资本，寻求网络中的资源互补和共享，提升企业网络竞争能力。企业社会责任有助于识别和获取资源能力的空间扩张，从而促进企业成长。基于以上分析，提出假设：

H4：企业社会资本在农业企业社会责任与企业成长绩效中起中介作用。

3.2.5 组织情境变量的调节作用

（1）企业能力

企业成长过程中离不开一定的情境要素，进一步讨论农业企业成长过程中情境要素的调节效应。以往学者研究结论表明，企业能力会对企业社会责任实践和企业社会资本获得产生影响。在同等条件下，企业能力较强意味拥有更多的资源和企业社会资本，而且企业运营抗风险能力越强，所以一般而言规模越大、越成熟的企业越有能力进行企业社会责任承担。

本书基于资源基础观理论，提出企业能力不仅影响农业企业社会责任的多少，还对企业社会责任效用产生正向的影响。根据 Penrose 的企业成长的研究框架"资源—能力—企业成长"，高企业能力的农业企业能够通过履行企业社会责任获得更多的成长绩效。所以企业能力会对企业社会责任有一定的调节作用，高能力的农业企业拥有更良好的内部机制，从而保证企业社会责任良好转化。周立新、黄洁（2012）利用浙江和重庆两地 351 家家族企业调研数据发现，企业能力在家族企业社会责任与企业绩效关系中起调节作用，对不同维度企业社会责任调节作用不同。由此可以推断：

H5：企业能力在农业企业社会责任与企业成长之间起正向调节作用。

（2）成长阶段

生命周期理论认为，在企业成长不同阶段，不同成长决定因素发挥效用不同。对于处于不同成长阶段的农业企业而言，会因为企业成长所涉及的区域不同面对不同的利益相关者。同一利益相关者对农业企业重要性也会有所不同，同一利益相关者自身对同一企业的诉求也会有所变化。处于成熟阶段的农业企业，由于企业规模扩大，通常会面对更多的外部利益相关者，需要承受更多的企业社会责任，然而，处于成熟期的农业企业因为具有较为完善的组织机构和一定的企业声誉，其单位社会责任的效果会比处于初创期的农业企业社会责任效果大。由此可以推断：

H6：成熟期的农业企业社会责任对企业成长绩效的正向影响强度要高于新创期农业企业。

3.2.6 结构情境变量的调节作用

（1）制度压力

新制度理论认为，制度环境因素是影响企业社会责任活动的重要因素。DiMaggio 和 Powell（1983）提出，在制度压力下，企业会主动向制度领域的主流成员看齐，通过调整组织形态和商业模式获得生存所需要的合法性。Scott（2001）提出，这些组织压力是由规制、规范和文化认知三个层面的支柱要素所组成。制度压力被用于解释不同外部环境下企业社会责任行为差异的原因。例如，不同行业实施的环保规范或标准不尽相同，因此，不同行业企业的环保战略也有明显差异。当行业具有高标准、严格监管、处罚从严时，企业所感受的压力增加，为了获得生存合法性，需要在节能减排方面做出更多努力，因而也更有可能主动采取环保策略。国内李彬（2011）、冯臻（2014）等学者也运用实证方法，验证制度压力对企业社会责任的影响。

本书认为，因为农业企业社会责任的履行直接关系到社会安定和整个国民经济的发展（陈辉，2010），所以外部环境对农业企业的合法性要求会相较于一般企业高。制度压力不仅会影响农业企业社会责任差异，还会影响农业企业社会责任作用的差异。农业企业承担企业社会责任是需要占用企业资源、支付成本的。在面对高制度压力的情况下，农业企业更有可能采取环保策略，承担更多的企业社会责任，同时，农业企业也必须通过完善企业内部机制等手段，使企业社会责任投资效用最大化，所以本书推断，面临更大制度压力的农业企业也具有更好的企业社会责任效用转化机制。由此推断：

H7：制度压力在农业企业社会责任与企业成长之间起正向调节作用。

（2）行业

农业是一个包含多个子行业的产业，不同行业有显著差异。如果以农业企业是否从事农业生产为标准，可以把农业企业进一步划分为传统型农业企业和加工型农业企业。已有研究表明，同一利益相关者对处于不同行业的企业要求不同。譬如传统农业企业和农户之间建立的社会契约涵括农业生产合作、农村社区环境保护及农村福利保障等方面，而加工型农业企业和农户之间的社会契约可能较多体现在农产品合作契约方面。因此，不同行业农业企业社会责任的效果会受到农业企业所属行业的调节。

　　H8：加工型农业企业社会责任对企业成长绩效的正向影响强度要高于传统农业企业。

3.3　本章小结

　　通过梳理企业社会责任理论和企业成长理论，结合农业企业的特殊性，提出关于企业社会责任、企业成长绩效、社会资本、企业能力、制度压力等多个变量的假设（表3-1），发展了基于企业社会责任的农业企业成长模型。

表 3-1　本书假设汇总

	序号	假设内容
直接作用	H1	农业企业社会责任与企业成长绩效之间显著正相关
	H1a	农业企业经济责任与企业成长绩效之间显著正相关
	H1b	农业企业法律责任与企业成长绩效之间显著正相关
	H1c	农业企业伦理责任与企业成长绩效之间显著正相关
	H1d	农业企业慈善责任与企业成长绩效之间显著正相关
中介作用	H2	农业企业社会责任与企业社会资本之间显著正相关
	H3	农业企业社会资本与企业成长绩效之间显著正相关
	H4	企业社会资本在农业企业社会责任与企业成长绩效中起中介作用
调节作用	H5	企业能力在农业企业社会责任与企业成长之间起正向调节作用
	H6	成熟期的农业企业社会责任对企业成长绩效的正向影响强度要高于新创期农业企业
	H7	制度压力在农业企业社会责任与企业成长之间起正向调节作用
	H8	加工型农业企业社会责任对企业成长绩效的正向影响强度要高于传统农业企业

　　根据上文的理论分析，提出农业企业环境下企业成长中的社会责任模型，如图3-3。在农业企业成长的过程中，企业社会责任通过影响农业企业识别和获取资源能力，进而影响企业成长。从关键利益相关者视角而言，企业社会责任通过积累企业社会资本促进农业企业成长。企业社会责任对企业成长的作

用受到诸多成长环境因素的影响，主要因素包括企业自身的组织结构因素和企业外部的环境因素。因此，对于农业企业而言，积极履行企业社会责任与农业企业高成长绩效有关。

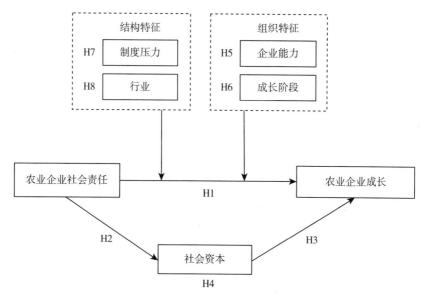

图 3-3　企业社会责任与农业企业成长关系模型

第4章 基于农业上市公司面板数据的实证分析

为了考察企业社会责任对农业企业成长的影响，本章选择沪深两市上市的农业企业 2004—2013 年共 10 年面板数据为研究对象。一方面，面板数据研究具有样本量大、客观性和可复制性等优点，可以有效弥补现有国内外关于企业成长研究主要采用截面数据的缺点[①]。另一方面，农业上市公司一般是行业中的领军企业，总结农业上市公司社会责任行为特点，有助于发现农业企业履行社会责任方面的一些特点或不完善的地方，对企业完善自身管理、政府调整支农政策带来一定的启示。

4.1 研究设计

4.1.1 样本与数据来源

关于农业上市公司研究的样本选择，国内学者一般以中国证监会颁布的最新行业分类准则中 A 类别（农、林、牧、渔业）为基础，并根据研究需要进一步扩大样本容量。如陈祖英（2010）根据中国证监会的行业分类准则，选择农、林、牧、渔类的上市公司作为研究对象，得到 30 家农业上市公司研究样本。崔迎科、刘俊浩（2012）在研究农业上市公司时，根据中国证监会的行业分类，选择农、林、牧、渔业上市公司 53 家，剔除 5 家已经退市和 15 家 2009 年及以后上市的企业，然后另外选取 7 家农业类别外的，但涉农联系较强的公司纳入样本，最终得到 40 家农业上市公司样本。崔迎科（2013）在证监会的农业类分类基础上，选用部分国家农业产业化龙头企业和不属于以上两类但与农业关系较紧密的 9 家农业加工业公司纳入研究范围，得到农业上市公司研究样本 74 家。

---

① 根据夏清华、李雯（2010）对国内外 2000—2010 年合共 132 份文献关于企业成长的量化分析文献分析总结可知，国内外利用面板数据对企业成长进行量化分析的文献概率分别为：国外 25.67%，国内 18.29%。可见，现有的企业成长研究出于便利性而使用特定年份的截面数据较多。

根据本书对农业企业的定义以及相关变量研究数据收集的需要，本章参考崔迎科（2013）对农业上市公司的取样方法，具体样本选取过程如下：

（1）农业农村部、国家发改委、财政部、商务部、中国人民银行、国家税务总局、中国证监会、全国供销合作总社 8 个部门从 2001 年起共同认定评选出五批国家级农业产业化龙头企业，经过五次检测以及四次递补，截至 2014 年 11 月，共有国家级农业龙头企业 1 247 家，其中在本地 A 股上市公司 94 家。考虑 A 股和 B 股的价格差，样本中不包含同时在 B 股上市的农业上市公司。

（2）截至 2014 年第三季度，沪深两市被证监会归为农业上市公司的 A 股上市公司共有 40 家，其中 25 家和本地 A 股上市国家级龙头企业重复，整合后共有农业企业 109 家。

（3）在 109 家农业类上市公司中，首先剔除 ST 企业 3 家，停牌企业 1 家；然后根据证监会的行业分类，剔除和农业企业成长差异性较大的酒、饮料和精制茶制造业 7 家，房地产行业 1 家，整合后共有农业企业 97 家。

（4）根据本书研究主题，剔除 2004 年后上市的企业 55 家（因其样本量不足 10 年）；删除存在极端值的样本，如中福实业（股票代码 000592）的主营业务于 2008 年 1 月份实施重大资产重组发生重大变化，所以这家农业企业 2008 年前的主营业务收入等财务数据与 2008 年后不具有可比性，应予以删除。最后取得农业企业 41 个样本，具体行业分布如表 4 - 1 所示。

表 4 - 1 样本上市农业企业行业分布

类别名称	数量	样本企业
A 农、林、牧、渔业	16	永安林业、丰乐种业、罗牛山、中水渔业、隆平高科、开创国际、亚盛集团、大湖股份、敦煌种业、新农开发、万向德农、好当家、香梨股份、新赛股份、福成五丰、新五丰
C 制造业	23	吉林敖东、西王食品、正虹科技、广西贵糖、顺鑫农业、新希望、双汇发展、大亚科技、南宁糖业、中粮生化、金健米业、太极集团、莲花味精、华资实业、中牧股份、冠农股份、恒顺醋业、三元股份、通威股份、光明乳业、中粮屯河、梅花生物、伊利股份
F 批发和零售业	1	西藏药业
L 租赁和商务服务业	1	农产品
合计	41	

资料来源：中国证监会《2014 年 4 季度上市公司行业分类结果》。

本章研究所使用的数据主要来自国泰安数据库和上市公司的年报，采用合并报表数据，整合得到 41 家农业企业 2004—2013 年共 10 年数据，合共 410个观测值。

4.1.2　企业社会责任的测量

随着时间的推移，学者们对企业社会责任的认识不断深入，社会责任的计量方法得到不断改进。常用的衡量上市公司社会责任的方法主要有：指标计量法、内容分析法、问卷法（周延风、罗文恩等，2007；周祖城、张漪杰，2007）。下文将对常用的方法作简要回顾。

（1）指标计量法

指标计量法被普遍运用于度量上市公司履行社会责任情况研究中。学者们以财政部 1995 年颁布的《企业经济效益评价指标体系》中有关"社会贡献率"为基础，根据实际的研究需要制定一系列社会责任指标体系。社会贡献率公式如下：

$$社会贡献率＝社会贡献总额/平均资产总额×100\%$$

社会贡献总额应该包括：工资（含奖金、津贴等工资性收入）、劳保退休统筹及其他社会福利支出、利息支出净额、应交增值税、应交产品销售税金及附加、应交所得税及其他税收、净利润等。社会贡献率法得到宋建波（2010）、曹亚勇、于丽丽（2013）等学者的广泛应用。

传统的社会贡献率能够反映企业使用多少数量资产为社会做贡献。但有学者提出，将社会贡献率修正为企业的社会贡献总额与销售收入的比值，该指标更能确切地反映收付实现制条件下的企业贡献程度（陈玉清、马丽丽，2005）。修正后的社会贡献率公式得到刘健（2012）、段云、李菲（2013）等学者的广泛应用。分解后的社会贡献率公式为：

政府所得贡献率＝（支付的各项税费－收到的税费返还）/经营现金流入；

职工所得贡献率＝支付给职工以及为职工支付的现金/主营业务收入；

投资者所得贡献率＝支付的现金股利和现金利息支出/主营业务收入；

社会所得贡献率＝（环保支出＋捐赠支出＋赞助费）/主营业务收入。

关于企业社会责任指标的后续处理，主要有两种方法：直接相加法和因子分析法。杨忠智、乔虎印（2013）将样本企业社会责任指数直接相加后得到企业社会责任指数，即社会责任指数＝政府贡献率＋投资者贡献率＋员工贡献率＋供应商贡献率＋社区贡献率。张旭、宋超（2010）、王晓巍、陈慧

(2011)、徐泓和朱秀霞（2012）等学者采用因子分析法把多个社会责任指标归结为若干因子变量，通过计算因子得分得到上市公司社会责任的综合指标得分。

（2）内容分析法

2006 年 9 月，深圳证券交易所发布《上市公司社会责任指引》。2008 年 5 月，上海证券交易所发布《关于加强上市公司社会责任承担工作的通知》。两项文件均对上市公司披露社会责任信息作出明确的规定。随着国内上市公司对企业社会责任的重视，更多上市公司制定并公布社会责任报告，内容分析法也逐渐得到学者们的青睐。曹亚勇、王建琼（2012）、翟华云（2012）、张兆国、靳小翠等（2013）在衡量上市公司社会责任时均使用了内容分析法。第三方评级机构润灵环球责任评级设计的 MCT 社会责任报告评价体系采用结构化的专家打分法。这一社会责任评价方法包括三级指标，总评分 Score 满分为 100 分，从整体性 M - score（权重为 30％）、内容性 C - score（权重为 50％）和技术性 T - score（权重为 20％）这 3 个指标出发，分别设计一级指标和二级指标对上市公司披露的社会责任报告进行全面的评价，设置了包括"战略有效性""责任管理""编写规范"等 16 个一级指标，70 个二级指标。

（3）问卷法

国内学者针对中国上市公司发展情境，用基于行为评估的问卷调查方法来测度目标公司的社会绩效水平。使用问卷法的学者认为，基于问卷获取的企业社会责任数据能够较好地代表公司中长期履行社会责任水平。杨自业、尹开国（2009）从利益相关者视角设计的问卷定义了员工社会绩效、顾客社会绩效、环境社会绩效和社区社会绩效等四个子维度来综合考察公司总体社会绩效表现。子维度的变量数值将会由该维度的题项分值加总所得。谢佩洪、周祖城（2009）参考了 Herpen 等（2003）的研究，构建企业社会责任的四个条目：企业积极保护消费者权益，企业积极参加回馈社会的慈善捐赠及公益事业，企业爱护环境、投身环保事业，企业切实关心员工的权益。

不同的上市公司社会责任衡量方法有不同优劣点。上市公司社会责任衡量的指标计量法主要依靠上市公司公布的年报财务数据。内容分析法主要是根据公司公开披露的文件内容，但由于国内并没有要求对社会责任报告或年报中披露的社会责任信息进行审计，社会责任的相关报告文字极大可能存在操纵行为，而且不同学者根据不同研究需要选用不同方法对文件中的社会责任内容进行类别划分，并根据定性与定量描述进行赋值，所以不同研究成果的可比性较低。使用问卷调查法测量社会责任，其结果的准确性一方面受被调查者的个人经历与认知差异性所影响，另一方面也容易使得调查的样本量受限。

综合考虑不同社会责任衡量方法的优缺点后，本章参考杨忠智、乔虎印（2013）的研究，选用指标计量法来衡量农业上市公司的社会责任履行情况。综合前人研究，均未能从财务数据中分别获取契合本书的研究构念（经济、法律、伦理和慈善）的变量指标。所以，本章采用代理指标，从利益相关者视角收集农业上市公司企业社会责任数据。因为金字塔模型是从利益相关者理论发展过来的，所以从利益相关者视角测量农业上市公司的企业社会责任行为也具有较好理论契合度。农业上市公司的社会贡献总额按照关键利益相关者分为对债权人的贡献、对员工的贡献、对供应商的贡献、对消费者的贡献、对政府的贡献和对社区的贡献六个部分。考虑数据可得性和完整性，本章对农业上市公司社会责任衡量未能包括对农户责任和对环境责任这两方面。社会责任总额为对各利益相关者的贡献的总和，指标设计如表 4-2 所示。

表 4-2　农业上市公司社会责任指标

变量类型	变量	变量名称	计算方法
对债权人责任	IR	利息支付率	利息支出额/负债平均余额
对员工责任	EI	员工获利水平	支付给职工以及为职工支付的现金/主营业务收入总额
对供应商责任	PT	应付账款周转率	（主营业务成本＋期末存货－期初存货）/平均应付账款
对消费者责任	MC	销售成本率	主营业务成本/主营业务收入×100%
对政府责任	OTR	主营业务税金及附加率	主营业务税金及附加/主营业务收入×100%
	ITR	账面所得税税率	所得税总额/利润总额×100%
对社区公益责任	SD	捐赠收入比	社会捐赠支出/主营业务收入总额×100%
企业社会责任	CSR	企业社会责任指数	$CSR = IR + EI + PT + MC + OTR + ITR + SD$

表 4-3 是根据相关指标计算的 41 家样本农业上市公司 2013 年社会责任指数，指数越高，表明农业上市公司履行社会责任的情况越好。样本数据的全距为 35.093，四分位距为 5.258，说明数据不算集中。样本上市公司社会责任的中位数为 10.839，低于平均值 12.738，同时样本企业中，社会责任指数高于平均水平的农业企业有 14 家，占研究样本企业的 34.15%，而贡献率低于

平均水平的占样本 65.85%，这都表明部分农业上市公司社会责任履行情况较好，但大部分农业上市公司履行企业社会责任的水平不高。

表 4-3　2013 年样本农业企业社会责任情况

序号	股票代码	简称	CSR2013	备注
1	600975	新五丰	39.363	上异常值
2	000876	新希望	28.949	上异常值
3	600127	金健米业	26.201	
4	000930	中粮生化	21.107	
5	600506	香梨股份	21.059	
6	600371	万向德农	20.379	
7	600438	通威股份	20.031	
8	000798	中水渔业	19.960	
9	000639	西王食品	19.595	
10	000860	顺鑫农业	17.898	
11	000895	双汇发展	17.822	上四分位数
12	600195	中牧股份	17.393	
13	000702	正虹科技	16.533	
14	600108	亚盛集团	12.864	
15	600257	大湖股份	12.450	
16	600191	华资实业	11.748	
17	600737	中粮屯河	11.734	
18	000713	丰乐种业	11.420	
19	000735	罗牛山	10.915	
20	600540	新赛股份	10.843	
21	000061	农产品	10.839	中位数
22	600211	西藏药业	10.798	
23	600467	好当家	9.273	
24	600429	三元股份	8.622	
25	000833	广西贵糖	8.618	
26	000910	大亚科技	7.800	
27	600251	冠农股份	7.621	

（续）

序号	股票代码	简称	CSR2013	备注
28	600873	梅花生物	7.537	
29	600359	新农开发	7.375	
30	600887	伊利股份	7.358	
31	600097	开创国际	7.306	下四分位数
32	600186	莲花味精	7.279	
33	000911	南宁糖业	6.741	
34	000663	永安林业	6.510	
35	600965	福成五丰	6.488	
36	600597	光明乳业	6.430	
37	600129	太极集团	6.379	
38	600354	敦煌种业	6.261	
39	600305	恒顺醋业	5.930	
40	000998	隆平高科	4.572	
41	000623	吉林敖东	4.270	
		均值	12.738	

注：全距为35.093，四分位距为5.258。有两个上异常值，没有下异常值。

同理，通过对2004—2012年样本企业社会责任贡献指数计算可以得出样本企业2004—2012年企业社会责任CSR2004、CSR2005……。由于本书篇幅有限，具体操作过程不再进行说明。

4.1.3　企业成长的测量

关于上市公司成长的衡量方法，根据研究侧重点不同，可以分为两种：企业成长"量"测量，企业成长"质"测量。在企业成长"量"测量方面，向朝进、谢明（2003）用净资产收益率来衡量沪深两市上市公司价值，净资产收益率反映的是公司当前状况下的公司价值，适宜于进行公司间的横向对比；托宾Q值可以衡量企业价值增长能力，反映公司纵向的价值成长能力。缪小明（2006）基于考察科技企业的整体动态发展、企业及规模的变化以及其对地方就业率的贡献，选取国内外通用的销售额和雇员数这两个指标，并取3年平均值来衡量上市公司的阶段成长状况。李涛、黄晓蓓等（2008）从经营者角度，选取平均主营业务收入增长率和平均总资产收益率增长率作为反映上市公司成长能力的财务指标。李元旭、姚明晖（2013）总结前人研究发现，现有企业成长衡量方法主要使用总资产利润率（ROA）、营业利润率（ROS）、托宾 Q 值和雇员增长率等多个指标。总资产利润率（ROA）、营业利润率（ROS）、托宾 Q 值等指标主要是从规模的扩张方面反映公司的成长，反映的是上市公司"量"方面的成长状况。使用这一类指标评价企业成长的优点是数据收集容易、工作量较少，但企业成长是一个综合性概念，单一评价指标无法较全面揭示企业成长的特点，而且，仅仅使用企业成长量的指标未能显示企业成长的"质"的方面，存在较大的局限性。

有学者指出，企业成长是个综合概念，理论上选取的指标越多，越能全面体现成长的信息（胡静、黎东升，2013）。学者开始运用多个指标，并从企业成长"质"方面衡量上市公司的企业成长。徐维爽、张庭发等（2012）用净资产收益率和总资产利润率评价企业的盈利能力。徐鹏、徐向艺（2013）根据前人研究经验和研究需要，选取固定资产增长率、总资产增长率、营业利润率、总资产净利润率、流动资产净利润率、净资产收益率、营运资金周转率和总资产周转率等 8 个财务指标作为衡量子公司成长的指标。以农业上市公司为研究对象的研究中，陈祖英（2010）根据农业上市公司的特点，通过规模实力、盈利能力、偿债能力、运营能力和成长能力五个方面衡量农业上市公司的竞争力。崔迎科、刘俊浩（2012）从盈利能力、偿债能力和发展能力三个方面构建了农业上市公司的成长指标。

综合前人的研究以及本书的研究需要，本书采用综合的财务指标来评价农业上市公司的成长。主要基于以下三点理由：第一，由于定性指标受主观影响较大，如果将其纳入评价体系，难以避免分析评价的主观性，结论的质量将大打折扣，因此，本书采用定量的财务指标来建立农业上市公司的评价指标体系；第二，一般来说，使用非财务数据能够更加全面、客观的评价企业成长，但由于我国目前企业信息披露制度方面仍有需要完善的地方，企业非财务指标的获取和量化非常困难，使用非财务数据可能会面临很大的障碍。企业大多数财务数据来源于年报，而公司年报是经过相关部门审核的，在规范性和可信性方面有些较大优势；第三，企业无论是"量"的成长还是"质"成长，其结果最终还是会体现在各项财务指标中，因此，本书选择从综合性的财务指标方面来评价企业的成长。为突出体现企业"质"和"量"的成长，从企业盈利能力、经营能力、发展能力三方面设计了一系列复合财务指标来评价企业成长，具体如表 4-4 所示：

表4-4　农业上市公司成长指标

变量类型	变量	变量名称	计算方法
盈利能力	ROS	营业利润率	营业利润/营业收入×100%
	ROA	总资产收益率	净利润/平均总资产×100%
	ROE	净资产收益率	净利润/年度平均净资产×100%
经营能力	CAT	流动资产周转率	营业收入/流动资产期末余额
	RT	应收账款周转率	营业收入/应收账款期末余额
发展能力	TAGR	总资产增长率	(当年年末总资产－上年年末总资产)/上年年末总资产×100%
	ABIGR	主营业务收入增长率	(当年主营业务收入－上年主营业务收入)/上年主营业务收入×100%

　　由于每个指标都只能反映农业上市公司成长的某一方面，单纯使用一个或若干个财务指标无法全面考察企业成长的状况。本章借鉴金水英、吴应宇（2008）处理样本上市公司发展能力变量以及徐鹏、徐向艺（2013）处理企业成长指标的方法，运用因子分析法对农业上市公司的成长进行评价检验，获得农业上市公司成长的构成维度。首先，利用SPSS19.0统计分析软件对41家样本企业的企业成长指标按照不同年份分别进行因子分析，这步操作可以展示不同成长指标在不同时间点对样本企业成长的贡献差异性；然后，按照因子分析过程给出的因子得分系数矩阵，计算出2004—2013年各年各样本企业提取因子的得分值；最后，结合所提取因子的旋转后方差贡献率，得出2004—2013年各年各样本企业成长指标的因子综合得分值，将其称为农业上市公司成长综合指标，记为 G（$Growth$），此即为本书后续回归模型的因变量。以下展示样本农业企业2013年成长综合指标的计算过程。

（1）KMO 和 $Bartlett$ 的球形度检验

　　首先，对2013年农业企业成长的评价指标进行 KMO 和 $Bartlett$ 的球形度检验，结果如表4-5所示。KMO 值为0.608，大于0.5临界值，适宜进行因子分析。$Bartlett$ 的球形度检验结果显示，近似卡方值为109.849，自由度为21，检验显著性为0.000，说明各个指标之间存在着显著的相关性。两项检验的结果都表明：农业上市公司的成长指标满足进行因子分析的前提条件。

表 4-5 KMO 和 Bartlett 的检验

KMO 和 Bartlett 的检验		检验结果
取样足够度的 Kaiser - Meyer - Olkin 度量		0.608
Bartlett 的球形度检验	近似卡方	109.849
	df	21
	Sig.	0.000

(2) 主成分分析和因子命名

用主成分分析法提取主因子,结果如表 4-6 所示,得到的 3 个共因子累计方差贡献率达到 76.862%,说明 3 个主因子能够较全面地反映原来 7 个指标的全部信息。继而将相关系数矩阵进行最大化旋转,得到成长的 7 个指标在 3 个共因子上的新的因子载荷矩阵。

表 4-6 解释总方差

成分	初始特征值			提取平方和载入			旋转平方和载入		
	合计	方差的%	累积%	合计	方差的%	累积%	合计	方差的%	累积%
1	2.599	37.132	37.132	2.599	37.132	37.132	2.411	34.437	34.437
2	1.715	24.497	61.629	1.715	24.497	61.629	1.701	24.307	58.744
3	1.066	15.233	76.862	1.066	15.233	76.862	1.268	18.118	76.862
4	0.736	10.508	87.370						
5	0.451	6.446	93.816						
6	0.326	4.663	98.479						
7	0.106	1.521	100.000						

注:提取方法为主成分分析法。

从表 4-7 可以看出,因子 F1 中主要反映了原成长指标中 ROA 总资产净利润率、ROE 净资产收益率以及 ROS 营业利润率的信息,而这三指标反映的是企业盈利能力的指标,因此本书将因子 F1 命名为盈利能力因子;因子 F2 中主要反映了原成长指标中的 CAT 流动资产周转率、RT 应收账款周转率指标的信息,而这两指标反映的是企业的经营能力,因此本书将因子 F2 命名为经营能力因子;因子 F3 主要反映的是原成长指标中的 ABIGR 主营业务收入增长率、TAGR 总资产增长率指标的信息,而这两个指标主要反映的是企业的发展能力,因此本书将因子 F3 命名为发展能力。

表 4-7　旋转成分矩阵

因子命名	变量	成分 1	成分 2	成分 3
盈利能力	ROA	0.939	0.114	0.116
	ROE	0.908	0.091	0.126
	ROS	0.765	−0.166	0.080
经营能力	CAT	0.012	0.914	0.041
	RT	0.004	0.899	−0.093
发展能力	ABIGR	−0.028	−0.083	0.872
	TAGR	0.346	0.044	0.679

注：提取方法为主成分分析法。旋转法为具有 Kaiser 标准化的正交旋转法。旋转在 4 次迭代后收敛。

(3) 计算因子得分

最后，计算农业上市公司 2013 年成长综合得分。依据表 4-5 旋转后的因子得分矩阵，通过原始变量与因子得分系数可以估算出各个因子得分。具体表达式如下：

$$F1 = 0.939 \times ROA + 0.908 \times ROE + 0.765 \times ROS + 0.012 \times CAT + 0.004 \times$$
$$RT - 0.028 \times ABIGR + 0.346 \times TAGR \tag{4.1}$$

$$F2 = 0.114 \times ROA + 0.091 \times ROE - 0.166 \times ROS + 0.914 \times CAT +$$
$$0.899 \times RT - 0.083 \times ABIGR + 0.044 \times TAGR \tag{4.2}$$

$$F3 = 0.116 \times ROA + 0.126 \times ROE + 0.080 \times ROS + 0.041 \times CAT -$$
$$0.093 \times RT + 0.872 \times ABIGR + 0.679\ TAGR \tag{4.3}$$

根据上述回归方法估计出的因子得分，再以旋转后的各因子方差贡献率占总方差贡献率的比重为权重进行加权汇总，可以计算出农业上市公司 2013 年成长综合得分 G2013，计算结果如表 4-7，具体计算公式如下：

$$G2013 = (34.437 \times F1 + 24.307 \times F2 + 18.118 \times F3)/76.862$$
$$\tag{4.4}$$

农业上市公司成长的因子得分越高，表明农业上市公司的企业成长情况越好。从表 4-8 的 2013 年农业上市公司成长单变量因子得分和综合得分的情况来看，农业上市公司成长的三个变量的得分并不是均衡的，大多数企业的经营能力变量比盈利能力变量和发展能力变量表现要更好一些。经计算，样本农业上市公司 2013 年成长均值为 13.295。农业上市公司 2013 年成长综合得分 G2013 得分高于平均水平的农业上市公司只有 9 家，占研究样本的 21.95%，得分前三位的分别为正虹科技（000702）、双汇发展（000895）、新希望（000876）。样本企业2013年成长得分低于平均水平的有32家，占样本的78.05%，这表明，大部分农业上市公司的成长得分不高，农业上市公司的成长问题应该得到足够的重视。

表4-8 样本企业2013年成长因子得分和综合得分情况

序号	股票代码	简称	F1	F2	F3	G2013	备注
1	000702	正虹科技	1.816	432.034	−43.838	127.108	上异常值
2	000895	双汇发展	1.567	212.332	−20.974	62.906	上异常值
3	000876	新希望	0.943	129.969	−12.454	38.589	
4	600887	伊利股份	1.133	128.990	−12.339	38.391	
5	600371	万向德农	0.288	113.049	−11.967	33.059	
6	000860	顺鑫农业	0.464	72.845	−7.244	21.537	
7	600191	华资实业	0.317	57.701	−5.527	17.087	
8	600097	开创国际	0.350	49.887	−4.932	14.771	
9	600438	通威股份	0.487	45.153	−3.673	13.632	
10	000061	农产品	0.367	43.709	−4.061	13.030	
11	600975	新五丰	0.311	43.332	−3.949	12.912	上四分位数
12	000833	广西贵糖	−0.144	38.582	−3.849	11.230	
13	600873	梅花生物	0.306	36.596	−3.453	10.896	
14	000930	中粮生化	0.175	33.354	−2.899	9.943	
15	000663	永安林业	0.142	32.715	−3.332	9.624	
16	000798	中水渔业	0.198	32.342	−3.594	9.469	
17	600506	香梨股份	0.090	30.306	−2.212	9.103	
18	000639	西王食品	0.460	24.550	−2.033	7.491	
19	000735	罗牛山	0.100	21.211	−1.160	6.479	
20	600127	金健米业	0.124	20.122	−1.763	6.004	
21	600429	三元股份	−0.191	19.127	−1.454	5.621	中位数
22	000713	丰乐种业	0.215	18.710	−1.757	5.599	
23	600467	好当家	0.215	16.568	−1.604	4.958	
24	600257	大湖股份	0.583	15.543	−1.329	4.863	
25	600737	中粮屯河	0.123	14.194	0.776	4.727	
26	600965	福成五丰	0.513	12.200	0.164	4.127	
27	600211	西藏药业	0.265	13.079	−0.768	4.074	

（续）

序号	股票代码	简称	F1	F2	F3	G2013	备注
28	600597	光明乳业	0.309	12.888	−0.644	4.062	
29	600305	恒顺醋业	0.155	12.486	−1.239	3.726	
30	000998	隆平高科	0.418	10.971	−0.852	3.456	
31	000910	大亚科技	0.175	10.622	−0.893	3.227	下四分位数
32	600251	冠农股份	0.475	9.948	−0.679	3.199	
33	600195	中牧股份	0.336	9.702	−0.429	3.118	
34	000623	吉林敖东	0.684	8.633	−0.353	2.953	
35	600129	太极集团	0.107	8.629	−0.620	2.631	
36	600359	新农开发	−0.045	8.949	−0.965	2.583	
37	000911	南宁糖业	0.038	8.121	−0.420	2.486	
38	600540	新赛股份	−0.024	7.491	−0.994	2.124	
39	600108	亚盛集团	0.287	5.297	−0.331	1.726	
40	600354	敦煌种业	0.138	4.302	−0.454	1.315	
41	600186	莲花味精	−0.787	5.566	−0.626	1.260	
					均值	13.295	

注：全距为125.848，四分位距为4.842。有两个上异常值，没有下异常值。

通过对2004—2012年样本企业数据的因子分析可得出样本2004—2012年农业上市公司成长综合得分。

4.1.4　模型构建

为了检验假设H1，本章构建面板数据模型如下：

$$G_{it} = \alpha_{it} + \beta_{it} CSR_{it} + \varepsilon_{it}\ (i=1,\ 2,\ \cdots,\ N;\ t=1,\ 2,\ \cdots,\ T)$$

上式中，G_{it}为因变量，CSR_{it}为自变量，α_{it}为模型的常数项，β_{it}对应自变量的系数，ε_{it}为相互独立的随机误差项，且满足零均值、同方差，N为截面成员的个数，T为每个截面成员的时期总数。

4.2　企业社会责任直接作用的检验

4.2.1　变量的描述性统计

对41家样本农业上市公司数据的描述性统计分析如表4-9所示。可以看出，样本企业社会责任贡献指数的最大值和最小值相差较大，标准差也相对较大，但均值 14.239 较小，表明整体而言，农业上市公司社会责任履行程度较低，不同农业上市公司履行社会责任程度具有较大差异。另外，样本企业成长的最大值和最小值相差也较大，标准差达到 24.912，比企业社会责任标准差还大，均值 10.831 也处于一个较低水平，这表明农业上市公司成长差异性大，整体样本成长较低。

表 4-9　样本农业上市公司变量的描述性统计

变量	均值	标准差	最大值	最小值
CSR?	14.239	12.662	143.265	−0.636
G?	10.831	24.912	247.422	−3.176

以 41 家样本农业上市公司的企业社会责任均值和企业成长均值作图，以观测在不同年份农业上市公司企业社会责任和企业成长变动状况。图 4-1 显示的是样本企业社会责任状况和企业成长状况。

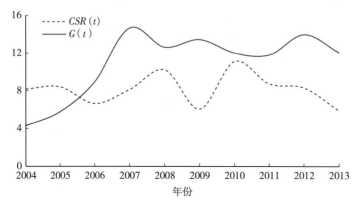

图 4-1　农业上市公司 t 期社会责任和 t 期成长变动图示

从图 4-1 可以看出：①样本上市农业企业的企业成长变化趋势可以分成两个阶段，第一阶段为 2004 年到 2007 年，企业成长有较大提高；第二个阶段为 2007 年到 2013 年，上市农业企业进入平稳发展阶段，企业成长表现周期性波动，波动幅度较为平稳。②样本上市农业企业的企业社会责任表现可以大致划分为三个阶段，第一阶段为 2006 年之前，企业社会责任表现较弱；第二个阶段为 2006 年到 2010 年，处于逐步上升状态，这一阶段中出现一个极端波动，2009 年样本企业社会责任表现出现较大下滑，这可能是因为 2008 年爆发金融危机，农业上市公司竞争力受到一定程度影响，因此次年的上市公司企业社会责任支出有较大幅度的减少；第三个阶段为 2011 年到 2013 年，企业社会责任表现也呈现下降趋势。③当年的社会责任表现和当年的企业成长并没有必然的相关联系。

　　为了进一步探索样本农业上市公司企业社会责任与企业成长关系，分别以滞后一期（$t-1$）的企业社会责任和滞后两期（$t-2$）的企业社会责任与当期（t）的企业成长均值作图，如图 4-2 和图 4-3。

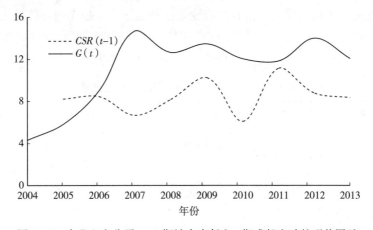

图 4-2　农业上市公司 $t-1$ 期社会责任和 t 期成长变动的现状图示

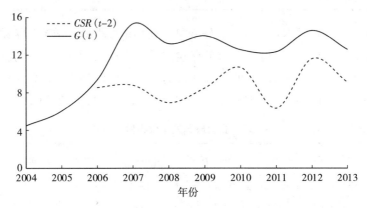

图 4-3　农业上市公司 $t-2$ 期社会责任和 t 期成长变动图示

　　通过对比图 4-2 和图 4-3 可以发现，在图 4-3 中，农业上市公司第 t 期的成长变化趋势与 $t-2$ 期企业社会责任变动趋势相近。如 2004 年到 2005 年的企业社会责任支出处于上升趋势，同时处于 2006 年到 2007 年期间的企业成长也处于上升趋势。2005年到2006年的企业社会责任处于下降趋势,同时处于2007年到2008年的企业成长也处于下降趋势。由此可以初步判断,样本农业上市公司企业社会责任对企业成长有两年的滞后效应。

4.2.2 变量的单位根检验和协整检验

本书用EViews7.2软件对面板数据进行处理分析。

(1) 单位根检验

首先通过单位根检验,检验所有变量序列是否为平稳序列,防止出现因序列的平稳性导致的虚假回归或伪回归。EViews软件可以同时对变量序列是否存在同质单位根和异质单位根进行检验,检验结果如表4-10和表4-11。

表4-10 企业社会责任的单位根检验结果

Method	Statistic	Prob. **	Cross-sections	Obs
Null: Unit root (assumes common unit root process)				
Levin, Lin & Chu t*	−17.148 3	0.000 0	41	358
Null: Unit root (assumes individual unit root process)				
Im, Pesaran and Shin W-stat	−6.978 62	0.000 0	41	358
ADF-Fisher Chi-square	196.710	0.000 0	41	358
PP-Fisher Chi-square	218.140	0.000 0	41	369

表4-10是对样本企业社会责任变量序列的单位根检验结果。结果中,在5%的置信水平下,LLC检验认为不存在同质单位根过程;在5%的置信水平下,IPS检验、ADF检验和PP检验均认为不存在异质单位根过程。综合所有的检验结果,可以判定样本社会责任变量(CSR)序列是平稳的。

表4-11 企业成长的单位根检验结果

Method	Statistic	Prob. **	Cross-sections	Obs
Null: Unit root (assumes common unit root process)				
Levin, Lin & Chu t*	−6.811 49	0.000 0	41	365
Null: Unit root (assumes individual unit root process)				
Im, Pesaran and Shin W-stat	−2.617 98	0.004 4	41	365
ADF-Fisher Chi-square	138.097	0.000 1	41	365
PP-Fisher Chi-square	158.313	0.000 0	41	369

表 4 - 11 是对样本企业成长变量序列的单位根检验结果。结果中，LLC 检验在 5% 的置信水平下认为不存在同质单位根过程；IPS 检验、ADF 检验和 PP 检验均在 5% 的置信水平下认为不存在异质单位根过程。综合所有的检验结果，可以判定样本企业成长变量（G）序列是平稳的。

（2）协整检验

所有序列均服从同阶单整，可以对变量进行协整检验，判断模型内部变量是否存在协整关系，即是否存在长期均衡关系。协整检验的原假设就是，变量回归后的残差是平稳序列。如若残差是平稳序列，说明存在协整关系，如果残差序列有单位根，则协整关系不存在。本书分别使用 Pedroni 检验、Kaolin 检验和 Fisher 检验对 CSR 序列和 G 序列进行协整检验，三种检验的零假设均为不存在协整关系，检验结果汇总如表 4 - 12。

表 4 - 12　协整检验结果汇总

检验方法	统计量	Prob.	是否存在协整关系
Pedroni 检验	Panel v - Statistic	0.928 7	不存在
	Panel rho - Statistic	0.007 7	存在
	Panel PP - Statistic	0.000 0	存在
	Panel ADF - Statistic	0.000 0	存在
	Group rho - Statistic	0.843 3	不存在
	Group PP - Statistic	0.000 0	存在
	Group ADF - Statistic	0.000 0	存在
Kao 检验	ADF	0.000 1	存在
Fisher 检验	None	0.000 0	存在
	At most 1	0.000 0	存在

从 Pedroni 检验结果可知，在 5% 的置信水平下，Panel v 统计量不能拒绝没有协整的零假设，而 Panel rho 统计量、Panel PP 统计量和 Panel ADF 统计量均拒绝零假设，认为所有截面有共同的 AR 系数。Group rho - Statistic 统计量不能拒绝原假设，即认为不存在协整关系，而 Group PP 统计量和 Group ADF 统计量均很显著，表明它们认为存在异质性协整关系。Kao 检验检验结果显示，ADF 统计量在 5% 的置信水平下检验显著，即 Kao 检验认为序列之间存在协整关系。Fisher 检验结果显示，各统计量均很显著，即 Fisher 检验认为序列之间存在协整关系。综合所有的协整检验结果，可以判定样本企业的

变量序列之间存在协整关系，可以建立模型进行回归分析。

4.2.3 面板数据回归分析

（1）模型设定和检验

首先对样本数据进行检验从而决定面板数据模型形式，检验结果如表4－13和表4－14。

表4－13　LR检验结果

Effects Test	Statistic	d. f.	Prob.
Cross－section F	6.502 453	（40，368）	0.000 0

表4－14　Hausman检验结果

Test Summary	Chi－Sq. Statistic	Chi－Sq. d. f.	Prob.
oss－section random	1.852 968	1	0.173 4

从LR检验结果可知，统计量在5%的置信水平下检验显著，即LR检验认为引入固定效应是合适的。Hausman检验用于检验样本数据的固定效应和随机效应，结果显示，统计量在5%的置信水平下没有足够证据证明零假设不正确，即Hausman检验认为引入随机效应是合适的。本章参考易丹辉（2008）的说法"如果研究者仅以样本自身效应为条件进行研究，宜使用固定效应模型；如果欲以样本对总体效应进行推论，则应采用随机效应模型"，由于模型仅就我国A股市场符合本书对农业企业定义的农业企业数据资料进行研究，故选择固定效应模型。考虑不同农业企业成长存在差异性，较适合选择变截距模型。综上所述，本书选择变截距固定效应模型对农业上市公司数据进行回归分析，回归结果如表4－15和表4－16。

表4－15　2004—2013年农业上市公司估计结果

Variable	Coefficient	Std. Error	t－Statistic	Prob.
C	8.075 764	0.404 268	19.976 26	0.000 0
CSR?	0.193 534	0.027 531	7.029 750	0.000 0
		Effects Specification		
Cross－section fixed（dummy variables）				

（续）

Variable	Coefficient	Std. Error	t – Statistic	Prob.
		Weighted Statistics		
R – squared	0. 511 808	Mean dependent var		29. 173 03
Adjusted R – squared	0. 457 417	S. D. dependent var		22. 823 10
S. E. of regression	18. 757 05	Sum squared resid		129 472. 3
F – statistic	9. 409 784	Durbin – Watson stat		1. 712 776
$Prob$（F – statistic）	0. 000 000			
		Unweighted Statistics		
R – squared	0. 477 550	Mean dependent var		10. 831 44
Sum squared resid	132 614. 8	Durbin – Watson stat		1. 367 878

表 4 - 16　截面固定效应序列

序号	Crossid	Effect	序号	Crossid	Effect
1	000061——C	−3. 950 728	18	600108——C	−8. 765 645
2	000623——C	−6. 776 872	19	600127——C	−7. 555 696
3	000639——C	−6. 513 517	20	600129——C	−6. 071 305
4	000663——C	3. 531 330	21	600186——C	−7. 924 775
5	000702——C	21. 350 19	22	600191——C	−5. 619 778
6	000713——C	−5. 388 528	23	600195——C	−6. 424 289
7	000735——C	−3. 801 866	24	600211——C	−7. 029 234
8	000798——C	−7. 445 415	25	600251——C	−5. 409 906
9	000833——C	−2. 264 182	26	600257——C	−7. 108 370
10	000860——C	−1. 689 946	27	600305——C	−5. 644 166
11	000876——C	8. 093 948	28	600354——C	−8. 112 290
12	000895——C	71. 425 94	29	600359——C	−6. 035 195
13	000910——C	−6. 672 024	30	600371——C	59. 495 38
14	000911——C	−5. 772 436	31	600429——C	−5. 677 921
15	000930——C	−4. 007 572	32	600438——C	3. 698 526
16	000998——C	−6. 234 576	33	600467——C	−0. 481 327
17	600097——C	13. 752 38	34	600506——C	−13. 316 69

（续）

序号	Crossid	Effect	序号	Crossid	Effect
35	600540——C	−5.192 088	39	600887——C	18.284 87
36	600597——C	−4.904 075	40	600965——C	−8.267 283
37	600737——C	−6.963 509	41	600975——C	−8.503 518
38	600873——C	−4.107 852			

相应表达式为：

$$\hat{G}_{it} = 8.076 + 0.193CSR_{it} - 3.951D_1 - 6.777D_2 + \cdots - 8.504D_{41}$$
$$(19.976) \qquad (7.030)$$

Adjusted $R^2 = 0.457\,4$，SSE $= 18.757\,05$。

其中，虚拟变量 D_1，D_2，…，D_{41} 的定义是：

$$D_i = \begin{cases} 1，如果属于第 i 个个体，i=1，2，\cdots，41 \\ 0，其他 \end{cases}$$

从表 4-15 可以看出，模型的整体线性拟合显著（F 统计值都在 5% 水平上显著），回归模型的残差相互独立（$D.W.$ 值接近于 2）。模型调整后的拟合优度为 45.74%，说明模型中的解释变量 CSR 对被解释变量 G 的解释有较好的解释能力。回归系数显示，农业上市公司社会 CSR 的参数估计值在 5% 水平上显著为正，表明公司社会责任表现越好，企业成长越高，假设 H1 得到一定程度的支持。从表 4-18 截面固定效应序列可知，双汇发展（000895）的截面固定效应系数为 71.426，这表明，在 41 家样本农业上市公司中，双汇发展的成长明显比其他企业要好。

4.3　行业变量调节作用的检验

有学者提出，不同行业企业社会责任及其作用有较大区别。在农业多功能性驱动下，农业产业内部不同行业的差异性较大。为了检验不同行业间企业社会责任及其作用是否存在显著差异，本节将 41 家样本农业上市公司按照表 4-17 的行业分类进行细分，把样本分成两类：传统类农业企业，制造业类农业企业，其中传统类农业企业（子样本 1）包括 A 类别农、林、牧、渔业的 16 家企业；制造类农业企业（子样本 2）包括 C 制造业、F 批发和零售业、L 租赁和商务服务业类的合共 25 家企业。

4.3.1 变量的描述性统计

对两个子样本农业上市公司数据的描述性统计分析如表4-17所示。可以看出，传统类农业企业的社会责任表现要比制造业农业类企业好，但传统类农业上市公司内部社会责任表现差异也比制造业类农业企业要高。然而，从成长 G 变量的均值来看，制造业类农业企业的成长要比传统类农业企业好，而且制造业类企业样本内部企业成长表现差异也比传统类农业企业低。

表4-17 子样本变量的描述性统计

	变量	*Mean*	*Median*	*Maximum*	*Minimum*	*Std. Dev.*
传统类	CSR1	17.018 30	12.241 02	143.265 2	3.375 309	16.330 29
	G1	10.627 27	3.451 369	230.831 9	$-3.175\ 997$	26.412 77
制造业类	CSR2	12.459 87	9.170 635	52.433 86	$-0.635\ 729$	9.216 101
	G2	10.962 12	4.407 010	247.422 3	$-0.429\ 383$	23.955 95

从表4-18上市农业企业2004—2013年对利益相关者责任贡献构成可知，对传统类农业上市公司而言，社会责任贡献的关键利益相关者依次为供应商＞消费者＞员工＞政府＞债权人＞社区公益，制造业类农业上市公司社会贡献率依次为供应商＞消费者＞政府＞员工＞债权人＞社区公益。两类企业均以供应商作为首要的利益相关者。这一发现与陈承、周中林（2014）的研究有差异，他们基于制造业样本数据发现，样本企业对消费者责任贡献要比供应商责任贡献大。研究差异表明，在使用相同的测量方法情况下，行业差异导致不同行业企业对不同利益相关者重视程度不同。本书认为，因为农业企业产品具有食用性、易腐等特征，农业企业必须更加重视对原料的质量监控来降低因为产品不安全而带来的风险。即使企业本身严格执行清洁生产，一旦上游供应商被查出存在严重的环境污染，或供应商环保不达标，下游企业也难辞其咎，轻则有损企业形象，重则承担经济、法律责任，因此，农业企业比非农企业更重视对供应商的责任。

表4-18 2004—2013年子样本企业社会责任构成

	债权人	员工	供应商	消费者	政府		社区公益
传统类	0.063 706	0.105 8	15.953 34	0.811 661	0.004 983	0.078 028	0.000 783
制造业类	0.065 752	0.099 208	11.374 96	0.792 933	0.008 359	0.118 27	0.000 388

4.3.2　变量的单位根检验和协整检验

(1) 子样本 1 的单位根检验和协整检验

首先，对子样本 1 的两个变量分别进行单位根检验，检验结果如表 4 - 19 和表 4 - 20。

表 4 - 19　子样本 1 社会责任变量的单位根检验结果

Method	*Statistic*	*Prob.* **	*Cross - sections*	*Obs*
Null：Unit root（assumes common unit root process）				
Levin，Lin & Chu t*	−15.847 6	0.000 0	16	138
Null：Unit root（assumes individual unit root process）				
Im，Pesaran and Shin W - stat	−7.218 67	0.000 0	16	138
ADF - Fisher Chi - square	107.166	0.000 0	16	138
PP - Fisher Chi - square	111.483	0.000 0	16	144

表 4 - 19 的结果表示，在 5% 的置信水平下，LLC 检验认为不存在同质单位根过程；在 5% 的置信水平下，IPS 检验、ADF 检验和 PP 检验均认为不存在异质单位根过程。综合所有的检验结果，可以判定子样本 1 的社会责任变量（CSR1）序列是平稳的。

表 4 - 20　子样本 1 的企业成长的单位根检验结果

Method	*Statistic*	*Prob.* **	*Cross - sections*	*Obs*
Null：Unit root（assumes common unit root process）				
Levin，Lin & Chu t*	−5.359 05	0.000 0	16	142
Null：Unit root（assumes individual unit root process）				
Im，Pesaran and Shin W - stat	−2.390 02	0.008 4	16	142
ADF - Fisher Chi - square	57.426 8	0.003 8	16	142
PP - Fisher Chi - square	66.807 0	0.000 3	16	144

表 4 - 20 的结果显示，LLC 检验在 5% 的置信水平下认为不存在同质单位根过程；IPS 检验、ADF 检验和 PP 检验均在 5% 的置信水平下认为不存在异质单位根过程。综合所有的检验结果，可以判定子样本 1 的企业成长变量（G1）序列是平稳的。

然后，对子样本 1 的两个变量进行协整检验，检验结果如表 4 - 21。

表 4 - 21　子样本 1 的协整检验结果汇总

检验方法	统计量	*Prob.*	是否存在协整关系
Pedroni 检验	Panel v - Statistic	0.895 4	不存在
	Panel rho - Statistic	0.082 0	不存在
	Panel PP - Statistic	0.000 0	存在
	Panel ADF - Statistic	0.000 3	存在
	Group rho - Statistic	0.749 3	不存在
	Group PP - Statistic	0.000 0	存在
	Group ADF - Statistic	0.000 9	存在
Kao 检验	ADF	0.002 2	存在
Fisher 检验	None	0.000 0	存在
	At most 1	0.000 0	存在

注：置信水平为 5%。

从 Pedroni 检验结果可知，在 5% 的置信水平下，Panel v 统计量和 Panel rho 统计量不能拒绝没有协整的零假设，而 Panel PP 统计量和 Panel ADF 统计量均拒绝零假设，认为所有截面有共同的 AR 系数。Group rho - Statistic 统计量不能拒绝原假设，即认为不存在协整关系，而 Group PP 统计量和 Group ADF 统计量均很显著，表明它们认为存在异质性协整关系。从 Kao 检验结果可知，ADF 统计量在 5% 的置信水平下检验显著，即 Kao 检验认为序列之间存在协整关系。从 Fisher 检验结果可知，各统计量均很显著，即 Fisher 检验认为序列之间存在协整关系。综合所有的协整检验结果，可以判定子样本 1 企业的变量序列之间存在协整关系，可以建立模型进行回归分析。

（2）子样本 2 的单位根检验和协整检验

首先，对子样本 2 的两个变量分别进行单位根检验，检验结果如表 4 - 22 和 4 - 23。所有的检验结果可以判定子样本 2 的社会责任变量序列和企业成长变量是平稳的。

表 4 - 22　子样本 2 社会责任变量的单位根检验结果

Method	*Statistic*	*Prob.* **	*Cross - sections*	*Obs*
Null：Unit root（assumes common unit root process）				
Levin, Lin & Chu t*	−7.571 54	0.000 0	25	220

(续)

Method	Statistic	Prob. **	Cross - sections	Obs
Null：Unit root (assumes individual unit root process)				
Im，Pesaran and Shin W - stat	−3.105 26	0.001 0	25	220
ADF - Fisher Chi - square	89.544 1	0.000 5	25	220
PP - Fisher Chi - square	106.657	0.000 0	25	225

表 4 - 23　子样本 2 企业成长的单位根检验结果

Method	Statistic	Prob. **	Cross - sections	Obs
Null：Unit root (assumes common unit root process)				
Levin，Lin & Chu t*	−4.562 03	0.000 0	25	223
Null：Unit root (assumes individual unit root process)				
Im，Pesaran and Shin W - stat	−1.436 57	0.075 4	25	223
ADF - Fisher Chi - square	80.669 7	0.003 9	25	223
PP - Fisher Chi - square	91.506 1	0.000 3	25	225

　　然后，对子样本 2 的两个变量进行协整检验，检验结果如表 4 - 24。综合 Pedroni 检验、Kao 检验、Fisher 检验结果，判定子样本 2 企业的变量序列之间存在协整关系，可以建立模型进行回归分析。

表 4 - 24　子样本 2 的协整检验结果汇总

检验方法	统计量	Prob.	是否存在协整关系
Pedroni 检验	Panel v - Statistic	0.794 3	不存在
	Panel rho - Statistic	0.022 4	存在
	Panel PP - Statistic	0.000 0	存在
	Panel ADF - Statistic	0.000 0	存在
	Group rho - Statistic	0.774 3	不存在
	Group PP - Statistic	0.000 0	存在
	Group ADF - Statistic	0.000 0	存在
Kao 检验	ADF	0.012 9	存在
Fisher 检验	None	0.000 0	存在
	At most 1	0.000 0	存在

注：置信水平为 5%。

4.3.3　面板数据回归分析

（1）模型设定和检验

首先通过检验决定面板数据模型形式，结果如表 4 - 25 和表 4 - 26。两个样本均通过了在 5% 的置信水平下的 LR 检验，即 LR 检验认为引入固定效应是合适的。子样本 2 通过了 Hausman 检验，表明应该采用固定效应模型，而子样本 1 未能通过 Hausman 检验。为了两个样本模型的可比性，统一使用变截距固定效应模型对两个子样本进行回归分析，结果如表 4 - 27、表 4 - 28、表 4 - 29、表 4 - 30 和表 4 - 31。

表 4 - 25　子样本的 LR 检验结果

	Effects Test	Statistic	d. f.	Prob.
子样本 1	Cross - section F	6.835 451	(15, 143)	0.000 0
子样本 2	Cross - section F	5.679 906	(24, 224)	0.000 0

表 4 - 26　子样本的 Hausman 检验结果

	Test Summary	Chi - Sq. Statistic	Chi - Sq. d. f.	Prob.
子样本 1	oss - section random	1.852 968	1	0.173 4
子样本 2	oss - section random	11.459 570	1	0.000 7

表 4 - 27　2004—2013 年传统类农业上市公司估计结果

Variable	Coefficient	Std. Error	t - Statistic	Prob.
C	8.075 764	0.404 268	19.976 26	0.000 0
CSR?	0.193 534	0.027 531	7.029 750	0.000 0

Effects Specification

Cross - section fixed (dummy variables)

Weighted Statistics

R - squared	0.432 722	Mean dependent var	25.393 49
Adjusted R - squared	0.369 251	S. D. dependent var	22.075 82
S. E. of regression	19.238 04	Sum squared resid	52 924.62
F - statistic	6.817 569	Durbin - Watson stat	1.809 358
Prob (F - statistic)	0.000 000		

（续）

Variable	Coefficient	Std. Error	t-Statistic	Prob.
		Unweighted Statistics		
R-squared	0.406 626	Mean dependent var		10.627 27
Sum squared resid	65 819.36	Durbin-Watson stat		1.278 425

表 4-28 传统类农业上市公司截面固定效应序列

序号	Crossid	Effect
1	000663——C	4.031 075
2	000713——C	−5.614 180
3	000735——C	−3.132 535
4	000798——C	−6.639 598
5	000998——C	−6.467 815
6	600097——C	13.273 61
7	600108——C	−8.732 792
8	600257——C	−7.067 180
9	600354——C	−8.546 761
10	600359——C	−6.499 466
11	600371——C	60.720 08
12	600467——C	−0.460 044
13	600506——C	−9.789 006
14	600540——C	−4.402 214
15	600965——C	−7.591 849
16	600975——C	−3.081 323

相应表达式为：

$$\hat{G}_{it}=8.076+0.194CSR_{it}+4.031D_1-5.614D_2+\cdots-3.081D_{16}$$
$$(19.976) \quad (7.030)$$

Adjusted R^2=0.369 3，SSE=19.238 04。

其中，虚拟变量 D_1，D_2，…，D_{16} 的定义是：

$$D_i=\begin{cases}1, & \text{如果属于第 }i\text{ 个个体，}i=1，2，\cdots，16\\0, & \text{其他}\end{cases}$$

表 4 - 29　2004—2013 年制造类农业上市公司估计结果

Variable	Coefficient	Std. Error	t - Statistic	Prob.
C	6. 946 345	0. 490 585	14. 159 31	0. 000 0
CSR?	0. 322 296	0. 038 343	8. 405 559	0. 000 0

Effects Specification

Cross - section fixed（dummy variables）

Weighted Statistics

R - squared	0. 587 478	Mean dependent var	30. 689 94
Adjusted R - squared	0. 541 438	S. D. dependent var	21. 934 79
S. E. of regression	17. 337 00	Sum squared resid	67 328. 06
F - statistic	12. 760 05	Durbin - Watson stat	1. 695 043
Prob（F - statistic）	0. 000 000		

Unweighted Statistics

R - squared	0. 528 094	Mean dependent var	10. 962 12
Sum squared resid	67 434. 47	Durbin - Watson stat	1. 432 360

表 4 - 30　制造类农业上市公司截面固定效应序列

序号	Crossid	Effect
1	000061——C	−4. 233 475
2	000623——C	−6. 376 212
3	000639——C	−7. 154 594
4	000702——C	19. 894 26
5	000833——C	−1. 911 742
6	000860——C	−3. 893 804
7	000876——C	6. 059 216
8	000895——C	68. 133 32
9	000910——C	−6. 726 250
10	000911——C	−5. 786 666
11	000930——C	−4. 474 321
12	600127——C	−9. 243 747

（续）

序号	Crossid	*Effect*
13	600129——C	−5.805 358
14	600186——C	−7.501 623
15	600191——C	−5.627 440
16	600195——C	−6.631 878
17	600211——C	−7.237 855
18	600251——C	−5.188 570
19	600305——C	−5.461 785
20	600429——C	−5.868 173
21	600438——C	1.975 011
22	600597——C	−4.844 796
23	600737——C	−6.718 524
24	600873——C	−3.852 305
25	600887——C	18.477 31

相应表达式为：

$$\hat{G}_{it}=6.946+0.322CSR_{it}-4.233D_1-6.376D_2+\cdots+18.477D_{25}$$
$$(14.159)\qquad(8.406)$$

Adjusted $R^2=0.541\ 4$，SSE$=17.337$。

其中，虚拟变量 D_1，D_2，$\cdots$，D_{25} 的定义是：

$$D_i=\begin{cases}1，如果属于第\ i\ 个个体，i=1，2，\cdots，25\\0，其他\end{cases}$$

表 4-31　面板数据模型回归结果汇总

	G		
	总样本模型	传统类样本模型	制造类样本模型
observation	10	10	10
Cross - sections	41	16	25
Total pool（balanced）observations	410	160	250
截距项	8.075 764***	9.547 579***	6.946 345***
	(19.976 26)	(15.137 03)	(14.159 31)

（续）

	G		
	总样本模型	传统类样本模型	制造类样本模型
CSR	0.193 534 ***	0.063 443 ***	0.322 296 ***
	(7.029 750)	(1.801 894)	(8.405 559)
R^2	0.511 808	0.432 722	0.587 478
Adjusted R^2	0.457 417	0.369 251	0.541 438
F 统计值	9.409 784 ***	6.817 569 ***	12.760 05 ***
Hausman – test	1.852 968	0.157 468	11.459 570 ***

注：*** 表示在 1% 水平下显著（双尾检验）。表中数值为相关系数，括弧中为标准误差。

传统类样本模型调整后的拟合优度 R^2 为 36.93%，制造类样本模型调整后 R^2 为 54.14%，子样本都具有较好的拟合优度，而制造类样本模型的调整后 R^2 比传统类样本模型高，表明制造类样本 CSR 对 G 的解释程度比传统样本中的 CSR 要好。传统类样本模型的 F 统计量为 6.817 569，制造类样本模型的 F 统计量为 12.760 05，都通过了显著性检验，说明两个子样本模型都显著成立。回归系数显示，两个子样本模型的 CSR 的参数估计值在 5% 水平上显著为正，表明公司社会责任表现越好，企业成长得分越高。然而，CSR 对两类样本的成长作用不同：传统类农业上市公司的社会责任贡献每增加 1%，企业成长将提升 0.06%；制造类农业上市公司的社会责任贡献率每增加 1%，企业成长将提升 0.32%。截面固定效应序列结果表明，万向德农（600371）和双汇发展（000895）分别为两个子样本中截面固定效应系数最高的上市农业企业，这表明两家企业分别为传统类样本和制造类样本中成长最好的农业企业。

4.4　本章小结

本章借助国内农业上市公司的二手面板数据对企业社会责任是否影响企业成长的问题进行了探讨，从样本数据收集、测量指标选取、统计分析几个方面开展研究，主要的研究结果有：①农业上市公司社会责任内涵与非农企业存在差异。本书实证结果发现相对于非农企业而言，中国上市农业企业较少通过慈善捐赠方式来履行社会责任。②企业社会责任对农业企业成长具有正向的影响作用。引入企业成长概念，运用连续 10 年的样本数据，能够较好地从纵向角度解释企业社会责任的作用，这与以往的以竞争优势为因变量或引入滞后社会责任变量为自变量的企业社会责任研究结论大体一致，均体现了中国农业企业履行社会责任的重要性。③不同行业企业社会责任作用机理有差异。实证结果表明，同一产业内不同行业企业社会责任对企业成长作用是有差异的。

第5章 基于农业企业调研数据的实证分析

通过上一章基于面板数据的研究，发现企业社会责任对农业企业成长有显著影响，这为本章进一步发展农业企业社会责任作用模型奠定了基础。本章通过特定的调查问卷，获得304个关于农业企业的有效样本，深入考察企业社会责任影响农业企业成长的作用机制，检验企业社会资本的中介作用，并进一步探讨企业能力、制度压力和成长阶段的调节作用。

5.1 研究设计

5.1.1 调研过程

关于农业企业调研数据的收集，主要分成两个阶段：

第一阶段：预测试。首先，进行企业访谈和初始问卷调查。从2013年7月至2013年8月，课题组成员在广东中山、广州、梅州、汕头等地进行第一阶段的企业访谈和问卷调查，共发放问卷250份，回收119份，回收率为47.6%。

然后，筛选出有效问卷。根据已有文献所涉及的相关标准对回收的问卷进行初步筛选，具体标准如下：①企业基本信息大部分缺失的予以删除。②问卷主体部分的题项缺失率累积达到10%或超过10%的问卷予以删除。③问卷主体部分题项的答案出现成片的相同选项或是答案呈现Z形排列等具有明显规律性的问卷予以删除。根据上述标准，第一阶段回收的问卷中有效问卷为98份，有效率为82.35%。

最后，根据有效问卷调整问卷内容。对有效问卷所收集的数据进行描述性统计分析，发现该样本基本符合本书对于研究对象的要求，具有一定的代表性，适合用于量表的分析。通过对预调研的问卷进行项目分析、效度检验、信度检验，对关键变量测量进一步优化，并在此基础上形成正式问卷。

第二阶段：正式调研。从 2013 年 9 月至 2013 年 11 月，以广东农业企业发展研究中心的名义，通过广东省、安徽省的农业产业化农业龙头企业协会平台进行问卷的发放，随机发出问卷 658 份，回收 388 份，符合要求的有效问卷 304 份，有效率达到 78.35%。样本选取标准包括：①企业寿命在 1 年以上。②符合本书对农业企业内涵的界定标准。③问卷的填写者为企业的总经理或者董事长，或者企业社会责任项目的专属人员。

5.1.2 问卷与变量设计

问卷设计工作经历以下几个步骤：

第一，初始问卷的形成。首先采用"双向翻译"的方法对国外量表进行翻译，即先由研究者将有关量表翻译成中文，再由精通英语的专家译成英文，然后再根据国内农业企业的实际情况和研究目标进行适当修正，形成初始调查工具。初始问卷详见本书附录 A。

第二，企业高管和专家的结构化访谈。研究者就研究量表中的相关内容，邀请 2 位企业主，3 位具有 10 年以上工作经验的高层管理者，分别对他们进行了结构化访谈。在不改变原量表基本内容和结构的前提下，根据他们的意见，结合农业企业的实际情况对量表项目的情境及内容进行修订和完善。

第三，预测试。预测试中得到有效问卷 98 份，用于量表修订和项目筛选。具体原则包括：通过项目分析结果，选取鉴别度高的项目；通过探索性因素分析，选取共同度高和因素负荷高的项目，调整或删去含义不明确以及存在歧义的项目。项目选定之后，请有关专家对项目进行仔细辨别和审核，最终确定问卷的所有项目。正式问卷详见本书附录 B。

下文对正式问卷中所涉及的主要变量的具体设计进行详细说明。

(1) 农业企业社会责任量表开发

企业社会责任行为的测量一直是企业社会责任研究领域的难点，现有研究还没有专门测量农业企业社会责任的量表。为了能够有效测量农业企业社会责任构念，本书结合中国情境下农业企业的相关研究内容，以 Carroll 的金字塔模型为基础，开发和构建了农业企业社会责任量表，为有效验证本研究的理论模型提供支持。

为确保测量量表的效度及信度，除企业社会责任以外的其他主要变量尽量采用国内外文献已使用过的量表，再根据研究内容进行适当修改。

(2) 企业成长量表

企业成长量表如表5-1所示。本章将农业企业成长绩效分为短期成长绩效和长期成长绩效2个维度，不仅关注农业企业的经营状况，也关注其生存能力和成长。短期成长绩效有6个测项，分别测量企业的短期获利性绩效（3个测项）和短期成长绩效（3个测项）。短期获利性绩效的测项包括：净收益率（净收益/总销售额）、投资收益率、市场占有率；短期成长绩效测项包括：净收益增长速度、销售额增长速度和市场份额的增长速度。长期战略绩效也有5个测项，包括公司员工数量增长、公司员工士气、公司总体竞争能力、未来持续经营5年以上的可能性、未来持续经营8年以上的可能性。为了克服问卷填答者不愿真实表达财务数据的困难，采取对比评级的方法测量企业成长状况，具体做法是添加引导语"与同行业其他企业相比，我们公司……"，让填答者根据企业在同行中的相对成长绩效情况进行作答。

表5-1 企业成长的测量

变量类型	构面	测项	量表来源
企业成长	短期成长绩效	G11 净收益率（净收益/总销售额）	Robison（1998）、Yusuf（2002）
		G12 投资收益率	
		G13 市场占有率	
		G21 净收益增长速度	
		G22 销售额增长速度	
		G23 市场份额的增长速度	
	长期成长绩效	G31 公司员工数量增长	
		G32 公司员工士气	
		G33 公司总体竞争能力	
		G34 未来持续经营5年以上的可能性	
		G35 未来持续经营8年以上的可能性	

(3) 中介变量量表

本书应用石军伟、胡立君（2009）对企业社会资本的测量量表，该量表是在Peng、Luo（2000）、边燕杰、丘海雄（2000）以及Aequaah（2007）等人的研究基础上提出的，经过已有研究的验证，具有良好信度和效度。企业社会责任行为有7个测项，分别测量等级社会资本（4个测项）、企业市场社会资本（3个测项）两个方面。量表采取主观评价方式，采用Likert 6点量表的形式，1表示"完全不同意"，6表示"完全同意"，要求填答者根据本企业相对主要竞争对手的社会资本水平进行评价。

表5-2　中介变量的测量

变量类型	构面	测项	量表来源
社会资本	等级社会资本	E31 与工商税收等管制部门建立良好关系	边燕杰、丘海雄（2000）；Acquaah（2007）；石军伟、胡立君等（2009）
		E32 与金融机构建立长期合作关系	
		E33 与政府相关部门建立良好关系	
	市场社会资本	E34 高层管理团队的社会交往更广泛	
		E35 与合作伙伴之间的信任水平提高	
		E36 与媒体新闻界建立良好关系	
		E37 与上下游合作伙伴建立良好合作关系	

（4）调节变量量表

本章测量的调节变量包括企业能力、成长阶段和制度压力三个变量。量表汇总如表5-3所示。在企业能力测量方面，从产品的制造能力和市场开发能力两个方面测度企业能力。借鉴 Song（2005）、Hoang 和 Rothaermel（2010）等学者研究成果的基础上，结合农业企业的特点，设计7个题项来测度企业能力。在企业成长阶段，借鉴 Pieterse 等（2011）的方法，用企业成立年限来界定企业成长阶段。制度压力量表则以 Qu 等（2001）的量表为基础修改而成，包括规制压力、规范压力和认知压力三个子构面，共11项指标。

表5-3　调节变量的测量

变量类型	构面	测项	量表来源
企业能力	制造能力	A11 企业的产品生产成本很低	Song 等（2005）；Hoang 和 Rothaermel（2010）
		A12 企业拥有先进的生产技术和设备	
		A13 企业能够迅速调整生产计划以应对风险	
	市场开发能力	A14 企业具有很强的构建和维系农户关系的能力	
		A21 企业具有很强的构建和维系消费者关系的能力	
		A22 企业对市场需求的变化非常敏感	
		A23 企业具有很强的构建和维系分销商关系的能力	
成长阶段		企业成立年限	Pieterse 等（2011）

（续）

变量类型	构面	测项	量表来源
制度压力	规制压力	I11 本地保护农户、消费者、自然环境等方面的法规政策完善	Qu 等（2001）
		I12 本地对政府官员的政绩考核标准主要是经济指标	
		I13 各级政府对违反社会责任的经营行为有严厉的惩罚措施	
		I14 各级政府通过各种形式宣传企业社会责任理念	
		I15 国家对公众反映的违反社会责任行为有迅速反应	
	规范压力	I21 对社会负责的经营理念备受本地公众的推崇	
		I22 公众对企业负责任地对待利益相关者的行为非常赞赏	
		I23 企业所在的行业组织制定了企业社会责任准则	
	认知压力	I31 业内企业因其社会责任履行较好而扩大了它的知名度	
		I32 公司从行业或职业协会中了解企业社会责任理念	
		I33 同行业的企业积极履行企业社会责任对本企业有深刻影响	

(5) 控制变量量表

已有研究表明，企业背景变量（所有制性质、发展阶段、所在区域、行业、企业规模）会影响企业成长，因此，本章将这些变量作为控制变量处理。控制度量的测量如表 5-4 所示。

表 5-4　控制变量的测量

变量类型		测项
企业成立时间		企业注册年份
企业所有权		1. 国有企业；2. 集体企业；3. 民营企业；4. 外资（或合资）企业
企业所属行业		1. 种植；2. 养殖；3. 种子种苗；4. 农产品加工；5. 流通和市场；6. 饲料和添加剂；7. 农业服务；8. 综合；9. 其他
企业规模	员工数量	1.1～50 人；2.51～100 人；3.101～500 人；4.500 人以上
	年销售额	1.100 万元以下；2.100 万～500 万元；3.501 万～1 000 万元；4.1 001 万～5 000 万元；5.5 001 万元以上
企业所在区域		所在省份

5.1.3 统计方法与分析思路

根据研究目的和检验假设的需要，本章主要采用 SPSS20.0 和 Amos17.0 对调查数据进行统计分析。具体的统计分析包括：首先，对各个变量的量表进行效果评价，采用 SPSS20.0 对量表进行探索性因子分析和信度分析，随后采用 Amos17.0 针对研究所涉及的变量进行验证性因子分析，以考察量表的区分效度；然后，运用 SPSS20.0 进行描述性统计分析、控制变量的方差分析以及变量间相关关系分析；最后，采用层次回归分析方法考察农业企业社会责任、企业成长、社会资本之间的关系。

5.2 量表信度与效度检验

5.2.1 探索性因子分析

(1) 社会责任

针对企业社会责任量表进行主成分分析，做最大变异转轴处理，得出衡量取样适当性量数的 *KMO* 值为 0.887，大于 Kaiser（1974）*KMO* 值最小为 0.5 的标准（吴明隆，1999），表示变量之间的共同性因素很多，适合做因子分析；*Bartlett's* 球形检验的近似卡方值为 3 889.402，自由度为 153，达到显著水平，表示母体的相关矩阵间有共同因素存在，适合做因子分析；抽取了 4 个共同因子，累计解释变异数达到 72.308%。通过旋转后的成分矩阵发现，C15 的因子负载小于 0.4，应该删除。

删除 C15 后进行第二次探索性因子分析，*KMO* 值为 0.887，*Bartlett's* 球形检验的近似卡方值为 3 705.348，自由度 136，达到显著性水平，抽取了 4 个共同因子，累计解释变异数达到 74.255%，结果见表 5-5。因子 1 共 5 个测项，命名为"慈善责任"，因子 2 共 4 个测项，命名为"法律责任"，因子 3 共 4 个测向，命名为"经济责任"，因子 4 共 4 个测项，命名为"伦理责任"。农业企业社会责任探索性因子分析结果与本书构建的企业社会责任的四个维度的理论构建基本一致。

从因子分析的结果来看，可以发现两个现象：第一，在样本农业企业社会责任结构中，贡献最多的是慈善责任（解释力达 22.664%），其次是法律责任（解释力达 19.928%），再次则是经济责任（解释力达 16.039%），最后是伦理责任（解释力达 15.622%），这说明目前国内农业企业主要通过慈善方式履行社会责任，这与尹珏林、张玉利（2010）研究发现一致，相比西方企业，中国企业践行企业社会责任的方式较为狭窄和单一，企业对于公共责任较为重视，投入了较多的人力、物力。第二，测项 C25 "提供的产品或服务，满足法律最起码的要求"在探索性因子分析过程中，被归在伦理责任中，这说明目前国内农业企业生产安全农产品是伦理责任，至少从侧面说明国内关于农产品质量安全标准化生产的执法监管还比较弱。

表 5-5　企业社会责任变量的旋转成分矩阵与因子负载

测项	因子 1	因子 2	因子 3	因子 4	方差的%
慈善责任					22.664
C43 有长期持续参加慈善公益活动的计划	0.875				
C44 向慈善机构、公益活动捐赠	0.866				
C42 为农村的文化教育机构提供援助	0.809				
C41 参与农村社区的志愿和慈善活动	0.789				
C45 参加公益组织或协会	0.772				
法律责任					19.928
C22 履行法律义务		0.895			
C23 依法纳税		0.892			
C21 遵守法律法规，是一个守法的企业公民		0.850			
C24 生产经营活动遵循环境标准		0.757			
经济责任					16.039
C12 保持持续盈利			0.828		
C13 追求能够增加利润的机会			0.768		
C14 追求长期投资回报最大化			0.751		
C11 维持高水平的生产率			0.731		
伦理责任					15.622
C31 遵守社会规范、道德和不成文的法律				0.850	
C25 提供的产品或服务，满足法律最起码的要求				0.721	
C32 认可并尊重社会新的或不断变化的道德规范				0.710	
C33 做符合伦理道德期望的事情				0.689	
社会责任					74.255

注：提取方法为主成分法；旋转法为具有 Kaiser 标准化的正交旋转法。

(2) 企业成长

针对企业成长量表进行主成分分析，做最大变异转轴处理，得出衡量取样适当性量数的 KMO 值为 0.857，大于 Kaiser（1974）KMO 值最小为 0.5 的标准（吴明隆，1999），表示变量之间的共同性因素很多；Bartlett's 球形检验的近似卡方值为 2 424.28，自由度为 45，达到显著水平，表示母体的相关矩阵间有共同因素存在，两类指标均表明量表适合做因子分析。抽取了 3 个共同因子，累计解释变异数达到 78.878%。通过旋转后的成分矩阵发现，C22、C23 两个题项，同时在两个因子中载荷大于 0.4，应该删除。对余下 9 个指标进行第二次探索性因子分析，KMO 值为 0.834，Bartlett's 球形检验的近似卡方值为 2 127.55，自由度 36，达到显著性水平，抽取了 3 个共同因子，累计解释变异数达到 80.332%。在对企业成长变量进行验证性因子分析后，发现测项 G35 的因素负载量为 0.983，G31 的因素负载量为 0.450，超出了 0.5 至 0.95 临界区间范围，应删除后重新进行探索性因子分析。对余下 7 个指标进行第三次探索性因子分析，KMO 值为 0.855，Bartlett's 球形检验的近似卡方值为 1 534.513，自由度 21，达到显著性水平，基于特征值大于 1 抽取 2 个共同因子，累计解释变异数达到 76.409%，结果见表 5-6。因子 1 共 4 个测项，命名为"短期成长绩效"，因子 2 共 3 个测项，命名为"长期成长绩效"。农业企业成长探索性因子分析结果与本书构建的企业成长的两个维度的理论构建基本相同，探索性因子分析结果很好地把农业企业成长的短期指标和长期指标进行区分，可以认为探索性因子分析结果可以接受。

表 5-6　企业成长变量的旋转成分矩阵与因子负载

测项	因子 1	因子 2	方差的%
短期成长绩效			46.287
G12 投资收益率	0.926		
G11 净收益率（净收益/总销售额）	0.913		
G21 净收益增长速度	0.895		
G13 市场占有率	0.661		
长期成长绩效			30.123
G34 未来持续经营 5 年以上的可能性		0.796	
G33 公司总体竞争能力		0.780	
G32 公司员工士气		0.736	
企业成长			76.409

注：提取方法为主成分法；旋转法为具有 Kaiser 标准化的正交旋转法。

从因子分析的结果来看，可以发现样本农业企业成长绩效结构中，短期成长绩效比长期成长绩效的解释力度强。这可能是因为我国企业普遍存在短寿命的现象，而农业企业因为自身的产业特性而面临更多的生产经营风险，所以短期成长绩效对于农业企业成长是至关重要的。农业企业只有保证短期成长，才有机会迎来长期成长。

(3) 社会资本

针对企业社会资本量表进行主成分分析，做最大变异转轴处理，得出衡量取样适当性量数的 KMO 值为 0.900，大于 Kaiser（1974）KMO 值最小为 0.5 的标准（吴明隆，1999），表示变量之间的共同性因素很多；Bartlett's 球形检验的近似卡方值为 1 756.53，自由度为 21，达到显著水平，表示母体的相关矩阵间有共同因素存在，两类指标均表明量表适合做因子分析。基于特征值大于 1 抽取 1 个共同因子，累计解释变异数达到 73.191%，把因子命名为"社会资本"，结果见表 5 - 7。

表 5 - 7　企业社会资本变量的旋转成分矩阵与因子负载

测项	因子	方差的%
社会资本		73.191
E34 高层管理团队的社会交往更广泛	0.874	
E33 与政府相关部门建立良好关系	0.870	
E31 与工商税收等管制部门建立良好关系	0.869	
E36 与媒体新闻界建立良好关系	0.864	
E37 与上下游合作伙伴建立良好合作关系	0.856	
E35 与合作伙伴之间的信任水平提高	0.837	
E32 与金融机构建立长期合作关系	0.817	

注：提取方法为主成分法。

(4) 企业能力

企业能力量表的探索性因子分析结果见表 5 - 8。针对企业能力量表进行主成分分析，做最大变异转轴处理，得出衡量取样适当性量数的 KMO 值为 0.863，大于 Kaiser（1974）KMO 值最小为 0.5 的标准（吴明隆，1999），表示变量之间的共同性因素很多；Bartlett's 球形检验的近似卡方值为 1 169.700，自由度为 21，达到显著水平，表示母体的相关矩阵间有共同因素存在，两类指标均表明量表适合做因子分析。基于特征值大于 1，抽取了 2 个共同因子，累计解释变异数达到 72.620%。旋转成分矩阵显示第二个因子只有测项 A11，应该删除。对余下 6 个指标进行第二次探索性因子分析，*KMO* 值为 0.869，*Bartlett's* 球形检验的近似卡方值为 1 161.050，自由度 15，达到显著性水平，基于特征值大于 1，抽取了 1 个共同因子，累计解释变异数达到 67.813%，把因子命名为"企业能力"。

表 5-8　企业能力变量的旋转成分矩阵与因子负载

测项	因子	方差的%
社会资本		67.813
A21 企业具有很强的构建和维系消费者关系的能力	0.883	
A14 企业具有很强的构建和维系农户关系的能力	0.868	
A23 企业具有很强的构建和维系分销商关系的能力	0.849	
A22 企业对市场需求的变化非常敏感	0.821	
A13 企业能够迅速调整生产计划以应对风险	0.796	
A12 企业拥有先进的生产技术和设备	0.712	

注：提取方法为主成分法。

(5) 制度压力

制度压力量表的探索性因子分析结果见表 5-9。

表 5-9　制度压力变量的旋转成分矩阵与因子负载

测项	因子	方差的%
制度压力		65.029
I14 各级政府通过各种形式宣传企业社会责任理念	0.895	
I32 公司从行业或职业协会中了解企业社会责任理念	0.872	
I31 业内企业因其社会责任履行较好而扩大了它的知名度	0.833	
I22 公众对企业负责任地对待利益相关者的行为非常赞赏	0.817	
I33 同行业的企业积极履行企业社会责任对本企业有深刻影响	0.807	
I21 对社会负责的经营理念备受本地公众的推崇	0.786	
I15 国家对公众反应的违反社会责任行为有迅速反应	0.775	
I13 各级政府对违反社会责任的经营行为有严厉的惩罚措施	0.772	
I23 企业所在的行业组织制定了企业社会责任准则	0.759	
I11 本地保护农户、消费者、自然环境等方面的法规政策完善	0.734	

注：提取方法为主成分法。

针对制度压力量表进行主成分分析，做最大变异转轴处理，得出衡量取样适当性量数的 KMO 值为 0.930，大于 Kaiser（1974）KMO 值最小为 0.5 的标准（吴明隆，1999），表示变量之间的共同性因素很多；Bartlett's 球形检验的近似卡方值为 2 376.78，自由度为 55，达到显著水平，表示母体的相关矩阵间有共同因素存在，两类指标均表明量表适合做因子分析。基于特征值大于 1，抽取了 1 个共同因子，累计解释变异数达到 60.388%。指标 $I12$ 载荷低于 0.4，应该删除。对余下 10 个指标进行第二次探索性因子分析，KMO 值为 0.935，Bartlett's 球形检验的近似卡方值为 2 304.29，自由度 45，达到显著性水平，基于特征值大于 1，抽取了 1 个共同因子，累计解释变异数达到 65.029%，把因子命名为"制度压力"。

5.2.2 信度分析

计算各个多测项变量的 Cronbach alpha 信度系数，检验其数据的可靠性，Cronbach alpha 信度系数的值高于 0.7 说明多测项变量具有较好的内在一致性（Nunnally，1978）。计算结果如表 5 - 10 所示，五个主要变量的量表中，单个因子 Cronbach alpha 系数的最大值是 0.937，最小值是 0.896，均高于 0.7 的标准。而且，有效问卷的回答率较好，只有少量数据缺失。因此，本次调查所获得的数据比较可靠。

表 5 - 10 变量的测项数和 Cronbach alpha 信度系数

变量	Cronbach alpha 信度系数	指标数	N
社会责任量表	0.910	17	304
经济责任	0.824	4	304
法律责任	0.934	4	304
伦理责任	0.824	4	304
慈善责任	0.919	5	304
企业成长量表	0.896	7	304
短期成长绩效	0.921	4	304
长期成长绩效	0.773	3	304
社会资本量表	0.937	7	304
企业能力量表	0.899	6	304
制度压力量表	0.937	10	304

5.2.3 验证性因子分析

经过探索性因子分析（EFA）和信度检验，企业社会责任量表和企业成长量表的 KMO 值和 $Cronbach\ \alpha$ 系数值均在 0.5 以上（表 5 - 11），各因子载荷也都大于 0.5，这表明，所获得的数据是可靠的，且各因子层面与本书的理论构建基本一致。为了验证在 EFA 中得到的因素结构模型是否与实际数据适配，需要验证性因子分析（CFA）。

表 5 - 11　各量表结构效度、信度

	KMO 值	$Cronbach\ \alpha$ 系数值
企业社会责任量表	0.887	0.910
企业成长量表	0.855	0.896

（1）社会责任量表验证性因子分析

企业社会责任模型参数估计摘要表如表 5 - 12 所示。标准化参数估计值 $\lambda_1 \sim \lambda_{17}$ 为观察变量的因素负荷量，17 个测量指标的因素负荷量介于 0.653 至 0.946 之间，λ 值皆大于 0.50，而小于 0.95，表示基本适配指标理想。潜在因子一"经济责任"4 个测量指标的因素负荷量分别为 0.813、0.734、0.771、0.702；潜在因子二"法律责任"4 个测量指标的因素负荷量分别为 0.894、0.928、0.946、0.788；潜在因子三"伦理责任"4 个测量指标的因素负荷量分别为 0.785、0.685、0.836、0.751；潜在因子四"慈善责任"5 个测量指标的因素负荷量分别为 0.944、0.895、0.767、0.759、0.653。

表 5 - 12　社会责任模型参数估计摘要表

参数	非标准化参数估计值	标准误	t 值	R^2	标准化参数估计值
λ_1	1.000	—	—	0.800	0.894
λ_2	1.149	0.044	26.103***	0.861	0.928
λ_3	1.017	0.037	27.609***	0.895	0.946
λ_4	0.997	0.054	18.369***	0.621	0.788
λ_5	1.000	—	—	0.617	0.785
λ_6	1.148	0.099	11.578***	0.470	0.685
λ_7	1.054	0.087	12.059***	0.699	0.836
λ_8	0.992	0.081	12.273***	0.564	0.751

（续）

参数	非标准化参数估计值	标准误	t 值	R^2	标准化参数估计值
λ_9	1.000	—	—	0.661	0.813
λ_{10}	0.981	0.079	12.477***	0.539	0.734
λ_{11}	0.928	0.085	10.862***	0.594	0.771
λ_{12}	0.857	0.076	11.202***	0.492	0.702
λ_{13}	1.000	—	—	0.891	0.944
λ_{14}	1.008	0.042	24.177***	0.802	0.895
λ_{15}	0.957	0.054	17.649***	0.588	0.767
λ_{16}	0.906	0.053	17.174***	0.576	0.759
λ_{17}	0.884	0.065	13.508***	0.426	0.653
Φ_1	0.262	0.037	7.079***		0.525
Φ_2	0.184	0.023	7.862***		0.621
Φ_3	0.137	0.025	5.561***		0.378
Φ_4	0.208	0.028	7.360***		0.512
Φ_5	0.211	0.034	6.251***		0.472
Φ_6	0.325	0.046	7.100***		0.530
δ_1	0.060	0.006	9.815***		0.426
δ_2	0.051	0.006	8.467***		
δ_3	0.029	0.004	7.164***		
δ_4	0.146	0.013	11.316***		
δ_5	0.226	0.029	7.848***		
δ_6	0.542	0.048	11.215***		
δ_7	0.174	0.027	6.479***		
δ_8	0.277	0.029	9.629***		
δ_9	0.281	0.043	6.598***		
δ_{10}	0.451	0.043	10.454***		
δ_{11}	0.322	0.043	7.494***		
δ_{12}	0.415	0.041	10.170***		
δ_{13}	0.084	0.018	4.732***		

（续）

参数	非标准化参数估计值	标准误	t 值	R^2	标准化参数估计值
δ_{14}	0.172	0.022	7.706***		
δ_{15}	0.440	0.040	10.949***		
δ_{16}	0.415	0.037	11.123***		
δ_{17}	0.722	0.062	11.614***		

注：*** 表示在 1% 水平下显著。

社会责任量表的一阶验证性因子分析模型基本适配指标均达到检验标准（表 5 - 13），表示估计结果的基本适配指标良好，没有违反模型判认准则。

表 5 - 13　社会责任量表验证性因子分析的基本适配度检验摘要表

评价项目	检验结果数据	模型适配判断
是否没有负的误差变量	均为正数	是
因素负荷量是否介于 0.5 至 0.95 之间	0.653～0.946	是
是否没有很大的标准误	0.004～0.099	是

在整体模型适配度的检验方面（表 5 - 14），绝对适配指标、增值适配指标与简约适配指标（根据修正指标修正后）统计量中，绝大部分适配指标值达模型可接受的标准。值得注意的是，在自由度等于 101 时，模型适配度的卡方值等于 180.011，显著性概率值 $P = 0.000 < 0.05$，拒绝虚无假设，在理论上表示本书所提出的理论模型与实际数据不可拟合。但 Rigdon（1995）、李怀祖（2004）、邱皓政（2005）等学者提出，当样本数 N 过大时，卡方检验可能排斥理论模式与实际数据拟合性好的情况，即方值对样本的大小非常敏感，样本数愈大，则卡方值愈容易达到显著，导致理论模型遭到拒绝的概率愈大。所以本书应用吴明隆（2007）提出的方法，在大样本的情况下，除了参考卡方值外，还同时考虑其他适配度统计量来判断假设模型与样本数据是否适配。农业企业的调研数据样本量为 304，容易造成卡方值显著，因此主要参考其他适配度指标。整体而言，本书所提出的企业社会责任量表验证性因子分析模型与实际观察数据的适配情形良好，即模型的外在质量佳，测量模型的收敛效度佳。

在假设模型内在质量的检验方面，有两个指标值未达到标准，其中三个测量指标的信度系数未达到 0.50（分别为 0.426 4、0.469 2、0.492 8），而若干个修正指标值大于 5.000，表示假设模型变量间还可以释放参数，测量指标的测量误差项间并非完全独立无关联。整体而言，模型的内在质量尚称理想。社会责任量表验证性因子分析的模型内在质量检验结果见表 5 - 15。

表 5 - 14　社会责任量表验证性因子分析的整体模型适配度检验摘要表

统计检验量	适配的标准或临界值	检验结果数据	模型适配判断
绝对适配度指数			
X^2 值	$P>0.05$（未达显著性水平）	180.011（$P=0.000<0.05$）	否
RMR 值	<0.05	0.035	是
RMSEA 值	<0.08（若<0.05优良；<0.08良好）	0.051	是
GFI 值	>0.90 以上	0.939	是
AGFI 值	>0.90 以上	0.907	是
增值适配度指数			
NFI 值	>0.90 以上	0.952	是
RFI 值	>0.90 以上	0.936	是
IFI 值	>0.90 以上	0.979	是
TLI（NNFI 值）	>0.90 以上	0.971	是
CFI 值	>0.90 以上	0.978	是
简约适配度指数			
PGFI 值	>0.50 以上	0.620	是
PNFI 值	>0.50 以上	0.707	是
PCFI 值	>0.50 以上	0.727	是
CN 值	>200	212	是

表 5 - 15　社会责任量表验证性因子分析的模型内在质量检验结果表

评价项目	检验结果数据	模型适配判断
所估计的参数均达显著水平	t 值介于 4.732 至 27.609	是
个别项目的信度>0.50	3 个<0.50	否
潜在变量的平均抽取变异量>0.50	$0.572\sim0.794$	是
潜在变量的组合信度>0.60	$0.842\sim0.939$	是
标准化残差的绝对值<0.58	最大绝对值为 2.477	是
修正指标<5.000	若干>5.000	否

另外，CFA 测量模型中没有发生观察变量（测项）横跨两个因素构念（因子）的情形，原先构建的不同测项均落在预期的因素构念（因子）上面，表示社会责任变量测量模型有良好的区别效度。综上，企业社会责任量表通过了验证性因子分析的检验。

（2）企业成长量表验证性因子分析

企业成长模型参数估计摘要表如表 5 - 16 所示。标准化参数估计值 $\lambda_1 \sim \lambda_7$ 为观察变量的因素负荷量，7 个测量指标的因素负荷量介于 0.476 至 0.949 之间，表示基本适配指标尚算理想。

表 5 - 16　企业成长量表模型参数估计摘要表

参数	非标准化参数估计值	标准误	t 值	R^2	标准化参数估计值
λ_1	1.000	—	—	0.731	0.949
λ_2	0.945	0.030	31.121***	0.734	0.927
λ_3	0.918	0.032	28.901***	0.226	0.909
λ_4	0.615	0.042	14.505***	0.445	0.667
λ_5	1.000	—	—	0.827	0.476
λ_6	2.130	0.260	8.189***	0.859	0.857
λ_7	2.130	0.267	7.991***	0.900	0.855
Φ_1	0.250	0.040	6.237***		0.656
δ_1	0.125	0.019	6.762***		
δ_2	0.165	0.019	8.466***		
δ_3	0.199	0.022	9.216***		
δ_4	0.531	0.045	11.871***		
δ_5	0.442	0.038	11.704***		
δ_6	0.213	0.036	5.929***		
δ_7	0.216	0.036	6.018***		

注：*** 表示在 1% 水平下显著，** 表示在 5% 水平下显著。

企业成长量表的一阶验证性因素分析模型基本适配指标均达到检验标准（表 5 - 17），题项 G13 的因素负荷量为 0.476，接近 0.50，考虑这一测项对测量农业企业成长具有重要作用，不予以删除。总体而言，估计结果的基本适配指标良好，没有违反模型判认准则。

表 5-17　企业成长量表验证性因子分析的基本适配度检验摘要表

评价项目	检验结果数据	模型适配判断
是否没有负的误差变量	均为正数	是
因素负荷量是否介于 0.5 至 0.95 之间	1 个<0.50	否
是否没有很大的标准误	0.019~0.267	是

在整体模型适配度的检验方面（表 5-18），绝对适配指标、增值适配指标与简约适配指标（根据修正指标修正后）统计量中，绝大部分适配指标值达模型可接受的标准。值得注意的是，在自由度等于 11 时，模型适配度的卡方值等于 22.231，显著性概率值 $P=0.022<0.05$，拒绝虚无假设，在理论上表示本书所提出的理论模型与实际数据不可拟合。预试同时考虑除了参考卡方值外的其他适配度统计量来判断假设模型与样本数据是否适配。整体而言，本书所提出的企业成长量表验证性因子分析模型与实际观察数据的适配情形良好，即模型的外在质量佳，测量模型的收敛效度佳。

表 5-18　企业成长量表验证性因子分析的整体模型适配度检验摘要表

统计检验量	适配的标准或临界值	检验结果数据	模型适配判断
绝对适配度指数			
X^2 值	$P>0.05$（未达显著性水平）	22.321（$P=0.022<0.05$）	否
RMR 值	<0.05	0.022	是
RMSEA 值	<0.08（若<0.05 优良；<0.08 良好）	0.058	是
GFI 值	>0.90 以上	0.979	是
AGFI 值	>0.90 以上	0.947	是
增值适配度指数			
NFI 值	>0.90 以上	0.986	是
RFI 值	>0.90 以上	0.973	是
IFI 值	>0.90 以上	0.993	是
TLI（NNFI 值）	>0.90 以上	0.986	是
CFI 值	>0.90 以上	0.993	是

（续）

统计检验量	适配的标准或临界值	检验结果数据	模型适配判断
简约适配度指数			
PGFI 值	＞0.50 以上	0.385	否
PNFI 值	＞0.50 以上	0.516	是
PCFI 值	＞0.50 以上	0.520	是
CN 值	＞200	268	是

在假设模型内在质量的检验方面，有两个指标值未达到标准，其中 2 个测量指标的信度系数未达到 0.50，而 1 个修正指标值大于 5.000，表示假设模型变量间还可以释放参数，测量指标的测量误差项间并非完全独立无关联。整体而言，模型的内在质量尚称理想。企业成长量表验证性因子分析的模型内在质量检验结果见表 5-19。

表 5-19　企业成长量表验证性因子分析的模型内在质量检验结果

评价项目	检验结果数据	模型适配判断
所估计的参数均达显著水平	t 值介于 5.929 至 31.121	是
个别项目的信度＞0.50	2 个＜0.50	否
潜在变量的平均抽取变异量＞0.50	0.564、0.758	是
潜在变量的组合信度＞0.60	0.785、0.925	是
标准化残差的绝对值＜0.58	最大绝对值为 1.157	是
修正指标＜5.000	1 个＞5.000	否

此外，CFA 测量模型中没有发生观察变量（测项）横跨两个因素构念（因子）的情形，原先构建的不同测量变量（测项）均落在预期的因素构念（因子）上面，表示测量模型有良好的区别效度。总体而言，企业成长量表通过了验证性因子分析的检验。

5.3　数据分析

5.3.1　描述性统计分析

（1）被调查者人口特征

受访者性别分布特征为男 77.6％，女 22.4％；年龄分布在 20~29 岁的占

16.4%，30～39 岁的占 35.5%，40～49 岁的占 35.2%，50 岁以上的占
12.8%；职位为基层管理人员的占 17.8%，中层管理人员占 33.8%，高层管
理人员占 48.4%；学历为初中及以下的占 1.3%，中专或高中的占 15.1%，
大专的占 36.9%，本科占 40.5%，研究生及以上的占 6.3%；受访者平均行
业经验约为 12 年，最少 1 年，最多达到 40 年，10 年以下经验的占 42.8%，
10 年及以上（含 10 年）到 20 年以下经验的占 33.8%，20 年及以上的占
23.4%（表 5-20）。

表 5-20　被调查者人口特征

变量		频率	百分比（%）	累积百分比（%）
性别	男	236	77.6	77.6
	女	68	22.4	100.0
年龄	20～29 岁	50	16.4	16.4
	30～39 岁	108	35.5	52.0
	40～49 岁	107	35.2	87.2
	50 岁以上	39	12.8	100.0
职位	基层管理人员	54	17.8	17.8
	中层管理人员	103	33.8	51.6
	高层管理人员	147	48.4	100.0
学历	初中及以下	4	1.3	1.3
	中专或高中	46	15.1	16.4
	大专	112	36.9	53.3
	本科	123	40.5	93.8
	研究生及以上	19	6.3	100.0
行业经验	10 年以下	130	42.8	42.8
	10～19 年	103	33.8	76.6
	20 年以上	71	23.4	100.0

（2）样本企业的基本特征

从样本企业的基本特征可知，本次调研的 304 家样本农业企业，以非国有
企业为多数，其中有 88.8% 样本企业荣获市级以上农业产业化重点龙头企业
称号。样本企业的规模、行业、成长阶段、所在区域等分布平均。样本企业的
基本特征见表 5-21。

表 5 – 21　样本企业的基本特征

变量		频率	百分比（%）	累积百分比（%）
性质	国有企业	17	5.6	5.6
	集体企业	7	2.3	7.9
	民营企业	270	88.8	96.7
	外资（或合资）企业	10	3.3	100.0
行业	种养、种子种苗	127	41.8	41.8
	农产品加工、流通、服务等	177	58.2	100.0
成立时间	2009—2012 年	46	15.1	15.1
	2004—2008 年	100	32.9	48.0
	2003 年及以前	158	52.0	100.0
龙头企业	是	270	88.8	88.8
	否	34	11.2	100.0
员工数量	1～50 人	62	20.4	20.4
	51～100 人	73	24.0	44.4
	101～500 人	144	47.4	91.8
	500 人以上	25	8.2	100.0
年销售额	100 万元以下	4	1.3	1.3
	100 万～500 万元	17	5.6	6.9
	501 万～1 000 万元	22	7.2	14.1
	1 001 万～5 000 万元	74	24.4	38.5
	5 001 万元以上	187	61.5	100.0
出口业务	有	86	28.3	28.3
	没有	218	71.7	100.0
区域	广东	139	47.7	47.7
	安徽	165	52.3	100.0

5.3.2　方差分析

采用方差分析验证先验理论和理论推断的控制变量对关键变量的影响。采用单因素方差（ANOVA）分析方法，探索不同企业性质、企业发展阶段、所在区域、所属行业、企业规模的农业企业在企业社会责任、企业成长等方面是否存在显著差异。进而在后续研究中对这些变量进行控制，确保研究成果的可靠性。首先，对五个控制变量进行虚拟变量转换，具体如表 5 - 22 所示。然后，分别进行方差分析，控制变量对主要变量的方差分析结果汇总在表 5 - 23。

表 5 - 22　控制变量的虚拟变量转换

控制变量	"1" 代表	"0" 代表
性质	国有企业	集体企业；民营企业；外资（或合资）企业
成长阶段	成立时间≤10 年	成立时间>10 年
区域	广东省	安徽省
行业	种植、养殖、种子种苗	农产品加工、流通和市场、饲料和添加剂、农业服务、综合、其他
规模	年销售额≤5 000 万元	年销售额>5 001 万元

被选控制变量对主要变量的单因素方差分析结果汇总如表 5 - 23，结果表明，国有农业企业和非国有农业企业在多个关键变量上不具有显著差异，这可能和样本中国有和非国有农业企业样本分布不平均有关；而不同企业成长阶段、区域、行业、规模的农业企业在多个关键变量上有显著差异。在后续的实证研究中，将企业成长阶段、区域、行业、规模这四个变量作为控制变量进入模型。

表 5 - 23　控制变量对主要变量的方差分析结果

预备控制变量	5% 置信水平上显著的变量	纳入模型控制变量
性质	无	
成长阶段	伦理责任、短期成长绩效、长期成长绩效、社会资本、制度压力	√
区域	法律责任、社会资本	√
行业	慈善责任、短期成长绩效、长期成长绩效、制度压力	√
规模	法律责任、社会资本	√

表 5 - 24 至表 5 - 28 分别为基于企业性质、成长阶段、区域、行业、企业规模的模型主要变量的方差分析。

表 5 - 24　基于企业性质的模型主要变量的方差分析（$N=304$）

变量		平方和	df	均方	F	显著性
经济责任	组间	27.222	1	27.222	3.049	0.082
	组内	2 695.935	302	8.927		
	总数	2 723.156	303			

（续）

变量		平方和	df	均方	F	显著性
法律责任	组间	16.922	1	16.922	3.827	0.051
	组内	1 335.411	302	4.422		
	总数	1 352.333	303			
伦理责任	组间	0.177	1	0.177	0.024	0.877
	组内	2 237.885	302	7.410		
	总数	2 238.062	303			
慈善责任	组间	61.976	1	61.976	3.310	0.070
	组内	5 655.382	302	18.726		
	总数	5 717.358	303			
短期成长绩效	组间	0.044	1	0.044	0.003	0.956
	组内	4 448.623	302	14.731		
	总数	4 448.667	303			
长期成长绩效	组间	6.213	1	6.213	1.372	0.242
	组内	1 367.652	302	4.529		
	总数	1 373.865	303			
社会资本	组间	4.066	1	4.066	0.132	0.717
	组内	9 324.872	302	30.877		
	总数	9 328.938	303			
企业能力	组间	53.948	1	53.948	2.365	0.125
	组内	6 889.968	302	22.814		
	总数	6 943.916	303			
制度压力	组间	24.298	1	24.298	0.365	0.546
	组内	20 127.972	302	66.649		
	总数	20 152.270	303			

表 5 - 25　基于成长阶段的模型主要变量的方差分析（$N=304$）

变量		平方和	df	均方	F	显著性
经济责任	组间	4.886	1	4.886	0.543	0.462
	组内	2 718.270	302	9.001		
	总数	2 723.156	303			

（续）

变量		平方和	df	均方	F	显著性
法律责任	组间	16.865	1	16.865	3.814	0.052
	组内	1 335.468	302	4.422		
	总数	1 352.333	303			
伦理责任	组间	65.688	1	65.688	9.132	0.003
	组内	2 172.375	302	7.193		
	总数	2 238.063	303			
慈善责任	组间	1.111	1	1.111	0.059	0.809
	组内	5 716.248	302	18.928		
	总数	5 717.359	303			
短期成长绩效	组间	170.037	1	170.037	12.002	0.001
	组内	4 278.631	302	14.168		
	总数	4 448.668	303			
长期成长绩效	组间	28.817	1	28.817	6.470	0.011
	组内	1 345.048	302	4.454		
	总数	1 373.865	303			
社会资本	组间	195.012	1	195.012	6.448	0.012
	组内	9 133.925	302	30.245		
	总数	9 328.937	303			
企业能力	组间	47.222	1	47.222	2.068	0.151
	组内	6 896.693	302	22.837		
	总数	6 943.916	303			
制度压力	组间	319.701	1	319.701	4.868	0.028
	组内	19 832.570	302	65.671		
	总数	20 152.271	303			

表 5 - 26 基于区域的模型主要变量的方差分析（$N=304$）

变量		平方和	df	均方	F	显著性
经济责任	组间	22.039	1	22.039	2.464	0.118
	组内	2 701.117	302	8.944		
	总数	2 723.156	303			

（续）

变量		平方和	df	均方	F	显著性
法律责任	组间	31.846	1	31.846	7.283	0.007
	组内	1 320.487	302	4.372		
	总数	1 352.333	303			
伦理责任	组间	11.699	1	11.699	1.587	0.209
	组内	2 226.364	302	7.372		
	总数	2 238.063	303			
慈善责任	组间	19.031	1	19.031	1.009	0.316
	组内	5 698.328	302	18.869		
	总数	5 717.359	303			
短期成长绩效	组间	13.374	1	13.374	0.911	0.341
	组内	4 435.293	302	14.686		
	总数	4 448.667	303			
长期成长绩效	组间	0.009	1	0.009	0.002	0.964
	组内	1 373.856	302	4.549		
	总数	1 373.865	303			
社会资本	组间	217.190	1	217.190	7.199	0.008
	组内	9 111.748	302	30.171		
	总数	9 328.937	303			
企业能力	组间	42.215	1	42.215	1.847	0.175
	组内	6 901.700	302	22.853		
	总数	6 943.915	303			
制度压力	组间	217.020	1	217.020	3.288	0.071
	组内	19 935.251	302	66.011		
	总数	20 152.271	303			

表 5 - 27　基于行业的模型主要变量的方差分析（$N=304$）

变量		平方和	df	均方	F	显著性
经济责任	组间	0.007	1	0.007	0.001	0.977
	组内	2 723.149	302	9.017		
	总数	2 723.156	303			

（续）

变量		平方和	df	均方	F	显著性
法律责任	组间	1.244	1	1.244	0.278	0.598
	组内	1 351.089	302	4.474		
	总数	1 352.333	303			
伦理责任	组间	7.506	1	7.506	1.016	0.314
	组内	2 230.556	302	7.386		
	总数	2 238.062	303			
慈善责任	组间	76.264	1	76.264	4.083	0.044
	组内	5 641.095	302	18.679		
	总数	5 717.359	303			
短期成长绩效	组间	65.163	1	65.163	4.489	0.035
	组内	4 383.505	302	14.515		
	总数	4 448.667	303			
长期成长绩效	组间	22.383	1	22.383	5.002	0.026
	组内	1 351.483	302	4.475		
	总数	1 373.865	303			
社会资本	组间	33.383	1	33.383	1.085	0.299
	组内	9 295.555	302	30.780		
	总数	9 328.938	303			
企业能力	组间	2.550	1	2.550	0.111	0.739
	组内	6 941.365	302	22.985		
	总数	6 943.916	303			
制度压力	组间	514.959	1	514.959	7.919	0.005
	组内	19 637.312	302	65.024		
	总数	20 152.271	303			

表 5 - 28　基于企业规模的模型主要变量的方差分析（$N = 304$）

变量		平方和	df	均方	F	显著性
经济责任	组间	3.522	1	3.522	0.391	0.532
	组内	2 719.634	302	9.005		
	总数	2 723.156	303			

（续）

变量		平方和	df	均方	F	显著性
法律责任	组间	38.618	1	38.618	8.878	0.003
	组内	1 313.715	302	4.350		
	总数	1 352.333	303			
伦理责任	组间	1.441	1	1.441	0.195	0.660
	组内	2 236.622	302	7.406		
	总数	2 238.063	303			
慈善责任	组间	0.315	1	0.315	0.017	0.897
	组内	5 717.043	302	18.931		
	总数	5 717.358	303			
短期成长绩效	组间	29.049	1	29.049	1.985	0.160
	组内	4 419.618	302	14.634		
	总数	4 448.667	303			
长期成长绩效	组间	6.814	1	6.814	1.505	0.221
	组内	1 367.052	302	4.527		
	总数	1 373.865	303			
社会资本	组间	173.417	1	173.417	5.720	0.017
	组内	9 155.521	302	30.316		
	总数	9 328.938	303			
企业能力	组间	12.199	1	12.199	0.531	0.467
	组内	6 931.717	302	22.953		
	总数	6 943.916	303			
制度压力	组间	34.715	1	34.715	0.521	0.471
	组内	20 117.556	302	66.614		
	总数	20 152.271	303			

5.3.3 相关分析

从表 5-29 可以看出，企业责任的四个维度均与企业短期、长期成长绩效在 0.01 水平上显著相关。其中，在短期成长绩效中，经济责任具有最高的相关系数，系数为 0.331；在长期成长绩效中，慈善责任具有最高的相关系数，系数为 0.349，也具有较高的相关性。另外，社会责任各个维度与社会资本都在 0.01 水平上具有显著的相关性，它们可以进行进一步的回归分析，以更精确地判断它们的相关程度。社会资本与短期成长绩效的相关系数为 0.339，与长期成长绩效的相关系数为 0.346，两者均在 0.01 的水平上显著，由此可以推断，农业企业具有较高的社会资本水平时，可能会带来较高水平的成长绩效。

从相关分析结果可知，理论模型中的各个变量之间具有一定相关性。为了进一步明确各个变量间的影响方向和程度以及对假设进行检验，应该做进一步的回归分析。

表 5 - 29　主要变量的相关分析

变量	经济责任	法律责任	伦理责任	慈善责任	短期成长绩效	长期成长绩效	社会资本	企业能力	制度压力
经济责任	1								
法律责任	0.359**	1							
伦理责任	0.405**	0.570**	1						
慈善责任	0.451**	0.469**	0.425**	1					
短期成长绩效	0.331**	0.198**	0.175**	0.240**	1				
长期成长绩效	0.246**	0.261**	0.277**	0.349**	0.605**	1			
社会资本	0.437**	0.307**	0.280**	0.415**	0.339**	0.346**	1		
企业能力	0.485**	0.422**	0.325**	0.510**	0.422**	0.414**	0.589**	1	
制度压力	0.470**	0.421**	0.365**	0.577**	0.342**	0.362**	0.608**	0.636**	1

注：** 表示在 1% 或以上水平下显著相关，* 表示在 5% 或以上水平下显著相关。

5.4　假设检验

5.4.1　企业社会责任直接作用

为了检验农业企业社会责任各维度对企业成长的影响，将经济责任、法律责任、伦理责任和慈善责任作为自变量，将企业短期成长绩效和长期成长绩效分别作为因变量，构建 $M1 \sim M4$ 四个模型，回归的分析结果见表 5 - 30。

由表 5 - 30 可知，在模型 $M2$ 中，经济责任对短期成长绩效的回归系数显著（$b=0.255$，$P<0.001$），说明经济责任对企业短期成长绩效有着显著的正向直接影响，即假设 H1a 得以验证；模型 $M2$ 和 $M4$ 中，法律责任对短期和长期成长绩效的回归系数均不显著，说明法律责任对企业成长绩效没有直接影响关系，即假设 H1b 未得到验证；在模型 $M4$ 中伦理责任对长期成长绩效的回归系数显著（$b=0.185$，$P<0.01$），慈善责任对长期成长绩效的回归系数显著（$b=0.216$，$P<0.001$），说明伦理责任和慈善责任对长期成长绩效有着显著的正向直接影响，即假设 H1c、H1d 得以验证。通过图 5 - 1 可以直观了解

农业企业社会责任各维度对企业成长绩效影响状况。

表 5 - 30　农业企业社会责任各维度对企业成长的影响

变量	短期成长绩效		长期成长绩效	
	M1	M2	M3	M4
控制变量				
成长阶段	0.237***	0.247***	0.191**	0.217***
区域	−0.033	−0.020	0.020	0.002
行业	0.116*	0.111*	0.124*	0.107*
规模	−0.189**	−0.189**	−0.141*	−0.150*
自变量				
经济责任		0.255***		
法律责任				
伦理责任				0.185**
慈善责任				0.216**
Adjust R^2	0.065	0.175	0.041	0.183
F	6.279***	9.040***	4.209**	9.471***
最小容忍度	0.750	0.577	0.750	0.577
最大 VIF	1.334	1.732	1.334	1.732

注：*、**、***分别表示在5%、1%、0.1%水平下显著。

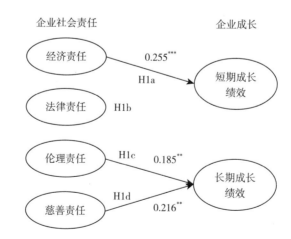

图 5 - 1　农业企业社会责任各维度对企业成长的影响的示意图

注：**、***分别表示在1%、0.1%水平下显著。

把企业社会责任作为一个整体变量，与企业成长短期成长绩效、长期成长绩效分别放入回归方程中，其结果如表 5-31。

表 5-31　农业企业社会责任整体对企业成长的影响

变量	短期成长绩效		长期成长绩效	
	$M1$	$M2$	$M3$	$M4$
控制变量				
成长阶段	0.237***	0.251***	0.191**	0.207***
区域	−0.033	−0.045	0.020	0.007
行业	0.116*	0.101+	0.124*	0.105*
规模	−0.189**	−0.187**	−0.141*	−0.139*
自变量				
社会责任		0.318***		0.382***
Adjust R^2	0.065	0.164	0.041	0.185
F	6.279***	12.926***	4.209**	14.730***
最小容忍度	0.750	0.749	0.750	0.749
最大 VIF	1.334	1.335	1.334	1.335

注：+、*、**、*** 分别表示在 10%、5%、1%、0.1% 水平下显著。

由表 5-31 可知，农业社会责任整体在 0.001 水平上对企业短期成长绩效有显著影响（$b=0.318$，$P<0.001$），农业社会责任整体在 0.001 水平上对企业长期成长绩效有显著影响（$b=0.382$，$P<0.001$），假设 H1 得以验证。

综上，假设 H1、假设 H1a、H1c 和 H1d 都得到了验证，假设 H1b 未获得支持。

5.4.2　企业社会资本中介作用

采用 Baron 和 Kenny（1986）的层次回归方法来检验社会资本在农业企业社会责任与企业成长中间是否具有中介作用。第一步，检验自变量对因变量的影响；第二步，检验自变量对中介变量的影响；第三步，控制中介变量，观察自变量对因变量的作用是否消失或明显地减少。企业社会责任对企业成长绩效的影响已经得到验证。

检验社会资本对企业成长的影响。把企业社会资本作为一个自变量，把企业短期成长绩效和长期成长绩效分别作为因变量放入回归方程，其结果如表 5－32。由表 5－32 可知，农业企业社会资本在 0.001 水平上对企业短期成长绩效有显著影响（$b=0.331$，$P<0.001$），农业企业社会资本在 0.001 水平上对企业长期成长绩效有显著影响（$b=0.346$，$P<0.001$），假设 H2 得到验证。

表 5－32　社会资本对企业成长的影响

变量	短期成长绩效		长期成长绩效	
	$M1$	$M2$	$M3$	$M4$
控制变量				
成长阶段	0.237	0.210***	0.191	0.163**
区域	−0.033	−0.003	0.020	0.052
行业	0.116	0.102+	0.124	0.109*
规模	0.189	−0.211***	−0.141	−0.164**
自变量				
社会资本		0.331***		0.346***
Adjust R^2	0.065	0.169	0.041	0.155
F	6.279***	13.326***	4.209*	12.094***
最小容忍度	0.750	0.745	0.750	0.745
最大 VIF	1.334	1.343	1.334	1.343

注：＋、＊、＊＊、＊＊＊分别表示在 10%、5%、1%、0.1%水平下显著。

进一步检验社会资本是否在企业社会责任各维度与企业成长之间具有中介作用，回归结果如表 5－33。

表 5－33　社会资本在社会责任各维度与企业成长关系的中介作用检验

变量	社会资本		短期成长绩效		长期成长绩效	
	$M1$	$M2$	$M3$	$M4$	$M5$	$M6$
控制变量						
成长阶段	0.080	0.081	0.247***	0.230***	0.217***	0.200**
区域	−0.091	−0.098+	−0.020	0.001	0.002	0.023
行业	0.043	0.013	0.111*	0.108*	0.107*	0.104*
规模	0.066	0.077	−0.189**	−0.205**	−0.150*	−0.167**

（续）

变量	社会资本		短期成长绩效		长期成长绩效	
	M1	M2	M3	M4	M5	M6
自变量						
经济责任		0.262***	0.255***	0.199**		
法律责任		0.125+				
伦理责任					0.185**	0.178**
慈善责任		0.228***			0.216**	0.167*
社会资本				0.214**		0.216***
Adjust R^2	0.024	0.275	0.175	0.206	0.183	0.214
F	2.885*	15.338***	9.040***	9.712***	9.471***	10.170***
最小容忍度	0.750	0.577	0.577	0.570	0.577	0.570
最大 VIF	1.334	1.732	1.732	1.754	1.732	1.754

注：+、*、**、*** 分别表示在10%、5%、1%、0.1%水平下显著。

由表 5-33 可知，在模型 M2 中，经济责任对社会资本的回归系数显著（$b=0.262$，$P<0.001$），说明经济责任对企业短期成长绩效有着显著的正向直接影响，即假设 H3a 得以验证；法律责任对社会资本的回归系数显著（$b=0.125$，$P<0.1$），说明法律责任对社会资本有着显著的正向直接影响，即假设 H3b 得以验证；伦理责任对社会资本的回归系数不显著，即假设 H3c 未得以验证；慈善责任对社会资本的回归系数显著（$b=0.228$，$P<0.001$），说明慈善责任对社会资本有着显著的正向直接影响，即假设 H3d 得以验证。

模型 M4 显示，加入社会责任之后，经济责任对短期成长绩效的相关系数从 0.255 降低为 0.199，显著性水平也从 $P<0.001$ 变成 $P<0.01$，社会资本在经济责任对企业短期成长绩效的正向影响中起部分中介作用；模型 M6 显示，当社会责任各维度和社会资本同时作为自变量与长期成长绩效进行回归时，慈善责任对长期成长绩效的相关系数从 0.216 降到 0.167，显著性也从 $P<0.01$ 变成 $P<0.05$，这说明社会资本在慈善责任对企业长期成长绩效的正向影响中起部分中介作用。

按照以上思路，把企业社会责任作为一个整体变量进入回归方程，社会资本对农业企业社会责任整体与企业成长绩效关系的中介作用检验结果如表 5-34。

表 5 - 34 社会资本对社会责任整体与企业成长绩效关系的中介作用检验

变量	社会资本		短期成长绩效		长期成长绩效	
	M7	M8	M9	M10	M11	M12
控制变量						
成长阶段	0.080	0.102[+]	0.251[***]	0.228	0.207[***]	0.187[**]
区域	−0.091	−0.109[+]	−0.045	−0.020	0.007	0.029[+]
行业	0.043	0.019	0.101[+]	0.096	0.105[*]	0.101
规模	0.066	0.069	−0.187[**]	−0.202	−0.139[*]	−0.153[**]
自变量						
社会责任		0.495[***]	0.318[***]	0.207[**]	0.382[***]	0.282[***]
社会资本				0.225[***]		0.202[**]
Adjust R^2	0.024	0.269	0.164	0.199	0.185	0.212
F	2.885[*]	23.232[***]	12.926[***]	13.522[***]	14.730[***]	14.584[***]
最小容忍度	0.750	0.749	0.749	0.719	0.749	0.719
最大 VIF	1.334	1.335	1.335	1.391	1.335	1.391

注：+、*、**、***分别表示在10%、5%、1%、0.1%水平下显著。

由表 5 - 34 可知，模型 M10 显示，加入社会资本之后，社会责任对短期成长绩效的相关系数从 0.318 降低为 0.207，显著性水平也从 $P<0.001$ 变成 $P<0.01$，社会资本在社会责任整体对企业短期成长绩效的正向影响中起部分中介作用；模型 M12 显示，当社会责任和社会资本同时作为自变量时，社会责任对长期成长绩效的相关系数从 0.382 降到 0.282，显著性水平不变，这说明社会资本在社会责任整体对企业长期成长绩效的正向影响中起部分中介作用。农业企业社会责任整体对企业成长绩效产生正向的促进作用，除一部分通过社会资本进行传递外，同时也会通过其他的变量起到中介的传递作用，因此，假设 H4 获得部分支持。

5.4.3 企业能力和制度压力调节作用

应用调节回归检验企业能力和制度压力的调节效应：第一步是把控制变量代入回归模型；第二步是添加主效应进入回归；第三步是构造中心化后的乘积项，然后把自变量、因变量和乘积项都放到多元层级回归方程中，若乘积项的系数是显著的，就可以说明调节作用的存在。

回归结果如表 5 - 35a 和表 5 - 35b：表 5 - 35a 的 M1～M5 模型是检验企业

能力和制度压力在企业社会责任与短期成长绩效之间的调节效应，表 5－35b
的 M6～M12 模型是检验企业能力和制度压力在企业社会责任与长期成长绩效
之间的调节效应。

表 5－35a　企业能力和制度压力的调节作用

变量	短期成长绩效				
	$M1$	$M2$	$M3$	$M4$	$M5$
控制变量					
成长阶段	0.237***	0.222***	0.218***	0.229***	0.229***
区域	−0.033	0.014	0.018	−0.001	0.014
行业	0.116*	0.119*	0.113*	0.092**	0.085
规模	−0.189**	−0.160**	−0.157**	−0.184**	−0.175**
自变量					
经济责任		0.169**	0.202**	0.218**	0.261***
法律责任					
伦理责任					
慈善责任					
企业能力		0.321***	0.324***		
制度压力				0.182**	0.214**
交互作用					
经济责任×企业能力			0.129*		
经济责任×制度压力					0.210**
Adjust R^2	0.065	0.065	0.065	0.191	0.220
F	6.279***	11.477***	10.903***	8.969***	9.545***
最小容忍度	0.750	0.557	0.483	0.559	0.496
最大 VIF	1.334	1.795	2.069	1.790	2.014

注：*、**、***分别表示在 5%、1%、0.1%水平下显著。

在农业企业短期成长方面（表 5－35a），模型 M3 表示，对于农业企业经
济责任与企业短期成长绩效之间的关系，企业能力起到了显著正向调节作用
（$b＝0.129$，$P＜0.05$）。也就是说，农业企业能力越高，企业经济责任对企业
短期成长绩效的正向影响程度会越高。根据企业能力的高低将样本分为两组，
具体分组的操作方法如下：计算出样本农业企业的企业能力变量的均值（$M＝
30.67$），然后在均值左右各一个标准差（$\sigma＝4.78$）的区域之外作为一组，大

于 35.46（$M+\sigma$）的一组为企业能力高的组，小于 25.88（$M-\sigma$）的一组为企业能力低的组，然后对高低两组样本分别进行回归（自变量是经济绩效，因变量是短期成长绩效），如图 5-2 所示，可以更直观地体现调节效果。

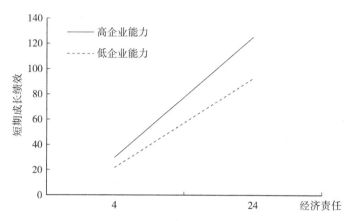

图 5-2　企业能力对经济责任和短期成长绩效之间关系的调节作用

另外，模型 M5 表示在农业企业经济责任与企业短期成长绩效之间的关系中，制度压力起到了显著正向调节作用（$b=0.210$，$P<0.01$）。也就是说，农业企业所面对的制度压力越大，经济责任对短期成长绩效的正向影响程度也会越高。结合图 5-3 可以更为清晰地体现调节效果。

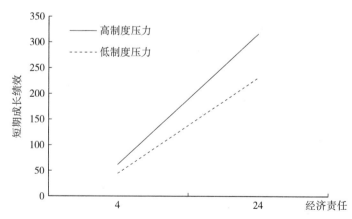

图 5-3　制度压力对经济责任和短期成长绩效之间关系的调节作用

在农业企业长期成长方面（表 5-35b），模型 M8 表示，对于农业企业伦理责任与企业长期成长绩效之间的关系，企业能力起到了显著正向调节作用

($b=0.300$，$P<0.001$)。也就是说，农业企业能力越高，企业伦理责任对企业长期成长绩效的正向影响程度会越高，如图 5-4。

表 5-35b 企业能力和制度压力的调节作用

变量	长期成长绩效						
	$M6$	$M7$	$M8$	$M9$	$M10$	$M11$	$M12$
控制变量							
成长阶段	0.191**	0.195**	0.197**	0.194**	0.201**	0.206***	0.202**
区域	0.020	0.033	0.025	0.035	0.019	0.011	0.021
行业	0.124*	0.114*	0.100*	0.114*	0.089+	0.073	0.096+
规模	−0.141*	−0.125*	−0.135*	−0.124*	−0.146*	−0.148*	−0.146*
自变量							
经济责任							
法律责任							
伦理责任		0.188**	0.210**	0.209**	0.174*	0.199**	0.176**
慈善责任		0.127+	0.126*	0.160*	0.153*	0.117+	0.204**
企业能力		0.287***	0.265**	0.296***			
制度压力					0.165*	0.178**	0.180**
交互作用							
伦理责任×企业能力			0.300***				
慈善责任×企业能力				0.204**			
伦理责任×制度压力						0.352***	
慈善责任×制度压力							0.189**
Adjust R^2	0.041	0.232	0.273	0.250	0.196	0.257	0.214
F	4.209**	11.186***	12.385***	11.122***	9.194***	11.468***	9.241***
最小容忍度	0.750	0.557	0.355	0.403	0.559	0.371	0.465
最大 VIF	1.334	1.795	2.814	2.480	1.790	2.692	2.152

注：+、*、**、***分别表示在10%、5%、1%、0.1%水平下显著。

模型 $M11$ 表示，在农业企业伦理责任与企业长期成长绩效之间的关系中，制度压力起到了显著正向调节作用（$b=0.352$，$P<0.001$）。也就是说，农业企业所面对的制度压力越大，伦理责任对长期成长绩效的正向影响程度也会越高，见图 5-5。

模型 $M9$ 表示，对于农业企业慈善责任与企业长期成长绩效之间的关系，

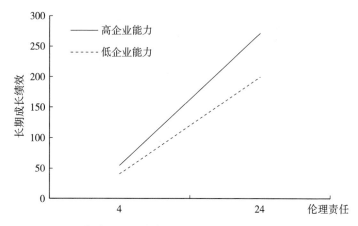

图 5-4　企业能力对伦理责任和长期成长绩效之间关系的调节作用

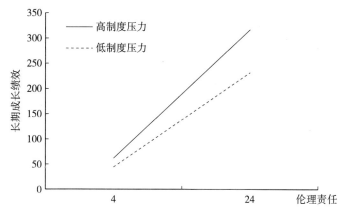

图 5-5　制度压力对伦理责任和长期成长绩效之间关系的调节作用

企业能力起到了显著正向调节作用（$b=0.204$，$P<0.01$）。也就是说，农业企业能力越高，企业慈善责任对企业长期成长绩效的正向影响程度会越高，见图 5-6。

　　模型 M12 表示，在农业企业慈善责任与企业长期成长绩效之间的关系中，制度压力起到了显著正向调节作用（$b=0.189$，$P<0.01$）。也就是说，农业企业所面对的制度压力越大，慈善责任对长期成长绩效的正向影响程度也会越高，效果见图 5-7。

　　综上，假设 H5（企业能力的调节作用）和假设 H7（制度压力的调节作用）得到实证结果支持。

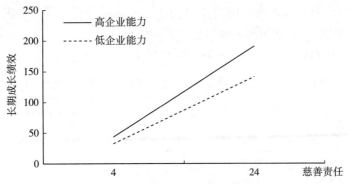

图 5-6 企业能力对慈善责任和长期成长绩效之间关系的调节作用

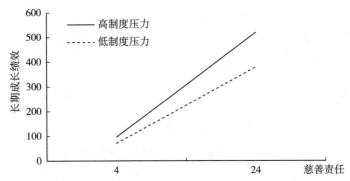

图 5-7 制度压力对慈善责任和长期成长绩效之间关系的调节作用

5.4.4 成长阶段调节作用

为了检验处于不同成长阶段的农业企业社会责任作用是否存在差异，本节把 304 个有效农业企业调研数据样本按照成长阶段不同划分成两个子样本：企业成立时间小于等于 10 年的，包括处于创业期和成长期的 146 家农业企业，命名为"新创企业"；企业成立时间大于 10 年的，主要包括处于成熟期或衰退期的农业企业 158 家，把这一子样本命名为"成熟企业"。以 10 年作为划分成长阶段的依据在于：首先，国家市场监督管理总局 2013 年 7 月公布的《全国内资企业生存时间分析报告》显示，国内企业生存时间 5 年以下的企业占总量的 49.4%①，由此可见，国内企业自成立到成熟大约经历 5 年初创

---

① 数据来源：北京商报《中国半数企业寿命不到五年》http：//finance. qq. com/a/20130731/000543. htm。

期；其次，也有研究表明，国内中小企业进入成熟期的注册年限基本集中在8～10年（高松、刘建国等，2011）。

两个子样本的主要变量均值及标准差对比结果，如表5-36。

表5-36　不同成长阶段农业企业主要变量均值及标准差对比

变量	新创企业（N=146）		成熟企业（N=158）	
	均值	标准偏差	均值	标准偏差
经济责任	21.420	3.473	21.167	2.484
法律责任	23.136	2.801	23.608	1.122
伦理责任	22.027	3.414	22.958	1.753
慈善责任	26.330	4.822	26.209	3.864
短期成长绩效	16.769	3.830	15.272	3.702
长期成长绩效	15.496	2.268	14.880	1.954
社会资本	37.720	5.016	36.117	5.911
企业能力	31.082	5.066	30.293	4.497
制度压力	52.523	8.542	50.470	7.676

从表5-36可以发现两个现象：①新创农业企业的经济责任和慈善责任的均值比成熟农业企业的高，而法律责任和伦理责任的均值比成熟农业企业的低。这可能与处于不同成长阶段的农业企业社会责任的动机有关。疏礼兵（2012）研究发现，处于创业期的企业有强烈的"争取政府支持"和"提升企业家社会地位"的动机。在本书中，处于新创企业的农业企业需要通过经济责任和慈善责任来积累企业社会资本，争取地方政府在土地、融资方面的政策性优惠，为成长扩张争取足够的资源。相对而言，处于成熟期的农业企业一方面面临转型升级的压力，另一方面，面临诸多同行新进企业的激烈竞争，稳中求胜成为成熟农业企业的战略特点，这一阶段农业企业有足够的资金和实力来支撑企业履行社会责任，所以企业更倾向于通过积极践行法律责任和伦理责任，成为行业中的企业公民，通过树立良好企业形象获得更广泛利益相关者的支持。②成熟企业的企业社会责任四个维度的标准偏差均比新创企业的低，这表明在成熟企业内部，企业践行社会责任的差异水平较低。这可能与成熟企业能够较为规范地履行企业社会责任有关，经过成长过程的社会责任管理经验的积累，成熟企业比新创企业更倾向于把履行企业社会责任融入企业的战略中。

在新创农业企业样本和成熟农业样本中，分别以控制变量、企业社会责任作为自变量，以短期成长绩效、长期成长绩效和企业社会资本作为因变量，进行层级回归。新创农业企业样本、成熟农业企业样本的回归结果分别为表5-37和表5-38。

表 5-37　新创农业企业样本回归结果（$N=146$）

自变量	因变量					
	短期成长绩效		长期成长绩效		社会资本	
	$M1$	$M2$	$M3$	$M4$	$M5$	$M6$
控制变量						
区域	0.069	0.072	−0.066	−0.021	−0.118	−0.06
行业	0.082	0.076	0.076	0.017	0.103	0.099
规模	−0.134	−0.172**	0.023	0.093	−0.31***	−0.295***
社会责任						
经济责任				0.279**		0.257**
法律责任				0.261**		
伦理责任		0.284**				
慈善责任		0.271**		0.227*		
Adjust R^2	0.015	0.193	−0.011	0.324	0.074	0.181
F	1.743	5.947***	0.459	10.911***	4.883**	5.579***
最小容忍度	0.886	0.489	0.886	0.489	0.886	0.489
最大 VIF	1.129	2.045	1.129	2.045	1.129	2.045

注：*、**、***分别表示在5%、1%、0.1%水平下显著。

表 5-38　成熟农业企业样本回归结果（$N=158$）

自变量	因变量					
	短期成长绩效		长期成长绩效		社会资本	
	$M1$	$M2$	$M3$	$M4$	$M5$	$M6$
控制变量						
区域	0.081	0.016	−0.019	−0.089	−0.097	−0.174*
行业	0.159*	0.156*	0.155+	0.155*	0.009	−0.03
规模		−0.059				

(续)

自变量	因变量					
	短期成长绩效		长期成长绩效		社会资本	
	M1	M2	M3	M4	M5	M6
社会责任						
经济责任		0.211*				0.312***
法律责任		0.164+		0.247**		
伦理责任						0.154*
慈善责任				0.166+		0.202*
Adjust R^2	0.01	0.125	0.018	0.163	0.009	0.245
F	1.536	4.193***	1.938	5.368***	1.487	8.285***
最小容忍度	0.844	0.752	0.844	0.752	0.844	0.755
最大 VIF	1.185	1.33	1.185	1.33	1.185	1.324

注：+、＊、＊＊、＊＊＊分别表示在10％、5％、1％、0.1％水平下显著。

表 5-39　不同成长阶段农业企业社会责任作用对比

社会责任	新创农业企业			成熟农业企业		
	短期成长绩效	长期成长绩效	社会资本	短期成长绩效	长期成长绩效	社会资本
经济责任	0.257**	—	0.279**	0.211*	—	0.312***
法律责任	—	—	0.261**	0.164+	0.247**	—
伦理责任	—	0.284**	—	—	—	0.154*
慈善责任	—	0.271**	0.227*	—	0.166+	0.202*

注：+、＊、＊＊、＊＊＊分别表示在10％、5％、1％、0.1％水平下显著。—表示变量不显著。

　　表 5-39 汇总了新创农业企业和成熟农业企业两个子样本的企业社会责任与企业成长绩效、企业社会资本的回归结果。从对比结果可知：①从经济责任和慈善责任角度而言，新创企业社会责任对企业成长绩效的正相关系数更高，而且显著性更强。②对于法律责任，新创农业企业法律责任与企业短期、长期成长绩效不相关，与企业社会资本相关，而成熟企业法律责任与企业短期和长期成长绩效在不同程度上显著相关，与企业社会资本不相关。③对于伦理责任，新创农业企业伦理责任与长期成长绩效相关，与企业社会资本不相关，而成熟农业企业伦理责任则与成长绩效不相关，与企业社会资本相关。总的而言，假设 H6 得到实证结果支持，即成长阶段在农业企业社会与企业成长中起调节作用。

5.5　本章小结

本章运用大样本数据调研，对农业企业社会责任的作用机理进行了统计检验，检验结果汇总如表5-40。

表5-40　假设检验情况汇总

序号	假设内容	检验情况
H1	农业企业社会责任与企业成长绩效之间显著正相关	部分支持
H1a	农业企业经济责任与企业短期成长绩效之间显著正相关	支持
H1b	农业企业法律责任与企业短期成长绩效之间显著正相关	不支持
H1c	农业企业法律责任与企业长期成长绩效之间显著正相关	支持
H1d	农业企业慈善责任与企业长期成长绩效之间显著正相关	支持
H2	农业企业社会责任与企业社会资本之间显著正相关	支持
H3	农业企业社会资本与企业成长绩效之间显著正相关	支持
H4	企业社会资本在农业企业社会责任与企业成长绩效中起中介作用	支持
H5	企业能力在农业企业社会责任与企业成长之间起正向调节作用	支持
H6	制度压力在农业企业社会责任与企业成长之间起正向调节作用	支持
H7	成熟期的农业企业社会责任对企业成长绩效的正向影响强度要高于新创期农业企业	支持

对于总样本而言，有以下研究结果：①对于农业企业而言，短期而言可以通过践行经济责任获得短期成长绩效，长期的话可以通过加强伦理和慈善责任获得长期成长绩效。②企业社会资本在经济责任与短期成长绩效、慈善责任与长期成长绩效中起部分中介作用。③农业企业能力调节企业社会责任和企业成长之间的关系。具体而言，与企业能力较低的农业企业相比，能力较高的农业企业能通过履行社会责任获得更多的企业成长绩效。④农业所面临的制度压力调节企业社会责任和企业成长之间的关系。具体而言，与制度压力较低的农业企业相比，制度压力较高的农业企业能通过履行社会责任获得更多的企业成长绩效。

对于分样本而言，有以下研究结果：①成长阶段在农业企业社会责任与企业成长关系中起调节作用。成熟期的农业企业社会责任对企业成长绩效的正向影响要高于新创期农业企业。②对于新创农业企业而言，法律责任对成长作用不显著，但对社会资本作用显著；伦理责任对长期成长作用显著。③对于成熟农业企业而言，伦理责任对成长作用不显著，但对社会资本作用显著，法律责任对成长作用显著。

第6章 结论与展望

6.1 主要结论

针对国内农业企业成长难的现象,本书从资源基础观视角考察了农业企业社会责任与企业成长之间的内在联系,并检验了企业社会资本的中介作用,以及组织因素、结构因素等成长情境变量对企业社会责任与企业成长关系的影响效应。本书实证研究有两部分,第一部分采用现有上市公司年报数据,通过整理41家农业上市公司连续10年数据,运用面板数据模型方法验证了农业企业社会责任的长期效果以及行业因素的调节作用;第二部分采用统计调研数据,通过收集304家农业企业调研数据,运用相关分析和层级回归等方法分析基于企业社会责任的农业企业成长模型。综合两部分的实证研究结果发现:

(1) 企业社会责任对农业企业成长有正向积极作用

这与以往的研究结论一致。基于农业上市公司连续10年的面板数据分析为H1提供了有力的证据。基于农业调研数据层级回归分析结果表明,假设H1、H1a、H1c和H1d都得到了验证,这说明对于农业企业而言,通过采取社会责任战略,的确对企业成长特别是长期成长有积极作用,而这种对企业成长的正向促进作用主要是通过经济责任、伦理责任和慈善责任三个维度直接体现出来的。不同维度企业社会责任对企业成长的作用是有差异的。经济责任对短期成长绩效有显著促进作用,伦理责任、慈善责任对长期成长绩效有显著促进作用。

然而,假设H1b没有得到数据的支持,即法律责任指标与农业企业短期成长绩效、长期成长绩效的线性相关关系不显著,这并不说明人们不需要关注农业企业的法律责任,相反,在食品安全问题频繁发生的背景下,农业企业的成长应该与遵守法律、生产经营活动遵循环境标准等紧密相连。可能的解释是:首先,农业行业产品和人们健康息息相关的特点突出,履行法律责任的高低并没有成为人们评价这个行业内企业成长的重要因素,法律责任被赋予是农业最为基本的责任之一。其次，本书采用"纳税""生产是否符合环境标准"等测项来测量农业企业法律责任，但由于农业企业自身承担保障农业基础作用的责任，各级政府每年会对农业企业减税、免税，甚至进行大量的财政补贴，所以本书测量的法律责任对农业企业绩效影响不显著。

（2）农业企业社会资本内涵和作用与非农企业不同

本书调研数据实证结果表明，在农业企业情境下企业社会资本是一维结构，这个结果与石军伟、胡立君等（2007）以中国一般企业为研究对象所得到的企业社会资本的二维结构（市场社会资本和等级社会资本）有区别。事实上，由于农业企业自身是经济组织与社区组织的统一体，农业企业成长与"三农"问题有着密切关系，农业企业更容易受到政府的关注。中国政府不仅通过宏观行业政策制定影响农业企业成长，也会通过影响其他市场主体来影响农业企业成长环境。所以，在中国农业企业情境下，农业企业的非政府利益相关者也会受到政府的影响，从而表现为农业企业社会资本中市场社会资本和等级社会资本的界限难以明确划分。

实证结果表明，农业企业社会资本对农业企业短期成长绩效和长期成长绩效都有显著的积极作用。由于经营风险大、前期投入高、对自然资源依赖性高等特点，国内农业企业在经营过程中面临的利益格局比一般企业复杂，企业要获得广泛的认同需要兼顾好多种利益关系，从而赢得良好的成长环境，所以农业企业社会资本对企业短期、长期成长绩效有显著正向影响。本书为企业社会资本对农业企业成长作用提供了实证数据支持，在一定程度上弥补了仅限于案例分析等定性研究方法的研究空白。

（3）社会资本在农业企业社会责任与企业成长关系中起重要中介作用

层级回归模型的检验结果表明，企业社会资本是农业企业社会责任与企业成长的中间变量，说明由利益相关者构成的网络资源和能力是将企业社会责任转化为企业成长绩效的重要原因。短期来看，农业企业可以通过经济责任，与关键利益相关者保持良好经济联系从而为企业带来提高运营效率的优势；长期来看，农业企业可以通过慈善责任，树立良好的企业形象，通过声誉机制获得更广泛的利益相关者的认同，从而为农业企业扩张、成长带来更广阔的空间。

（4）企业能力对企业社会责任与农业企业成长绩效之间具有正向调节作用

企业社会责任对企业成长的影响是有条件的，受到企业所处内外成长情境因素的影响。无论是能力高或能力低的农业企业，都可以通过履行社会责任识别和获取企业成长所必需的资源，从而促进农业企业成长。相比于那些企业能力较低的农业企业，拥有较高企业能力的农业企业可以通过履行企业社会责任获得更好的短期、长期成长绩效。

（5）企业成长阶段的差异会对企业社会责任与农业企业成长关系带来影响

处于新创阶段和成熟阶段的农业企业社会责任的作用存在三方面的差异：第一，新创农业企业的经济责任、慈善责任对企业成长绩效的正向作用更高，而且显著性水平也更明显。这与现实情况及以往的一般研究结论似乎并不一致，但符合边际收益递减规律（杨春方，2008）。农业企业成长与企业规模扩展有着密切联系，企业成长过程中需要通过扩展企业规模来获取农业生产进行的规模效应。当企业处于成熟阶段，企业规模越大，企业社会责任行为支出可能被稀释，相对而言，处于创业和成长期的农业企业，社会责任与企业成长绩效之间的传导链条较短，企业社会责任支出对企业成长绩效的直接促进作用也相对较大。

第二，新创农业企业法律责任与企业短期、长期成长绩效不相关，与企业社会资本有关，而成熟企业法律责任与企业短期和长期成长绩效在不同程度上显著相关，与企业社会资本不相关。对于成熟农业企业而言，企业社会资本的积累更多依靠企业家政治关联等手段来获得，所以农业企业履行基本法律责任对企业社会资本积累没作用，但长期遵守法律规制的农业企业可以通过良好的声誉机制对企业成长绩效产生积极效果。

第三，新创农业企业伦理责任与长期成长绩效相关，与企业社会资本不相关，而成熟农业企业伦理责任则与成长绩效不相关，与企业社会资本相关。这可能与农业企业成长过程，企业社会资本结构变化有关。根据已有研究，国内原生型农业企业在其成长过程中，伴随着明显的从"强关系"社会资本到"弱关系"社会资本的结构转化，强关系主要来源于具有血缘关系的家族，为企业提供优势资源，而弱关系主要来源于家族以外利益相关者，为企业成长提供优质信息。对于新创农业企业而言，伦理责任对维系以家族及泛家族为中心的农村社区强关系有显著作用，所以伦理责任与企业成长绩效正相关。而对于成熟农业企业而言，已经进入依靠正式制度、弱关系的阶段，强关系对成熟农业企业的作用已经不如新创阶段，所以伦理责任与企业成长绩效没有直接的显著关系，但关注伦理责任的农业企业会受到广泛利益相关者的关注，获得更好的企业声誉，从而积累更多的企业外部社会资本。

（6）制度压力对企业社会责任与农业企业成长绩效之间具有正向调节作用

无论农业企业所能感受的制度压力大或小，农业企业都可以通过履行社会责任促进企业成长。当农业企业感知更大的制度压力时，企业更可能通过履行企业社会责任获得更好的短期、长期成长绩效。

（7）企业行业的差异会对企业社会责任与农业企业成长关系带来影响

在其他条件不变情况下，制造类农业企业履行企业社会责任的效果比传统类农业企业的企业社会责任效果大。这可能因为：

第一，受到上市公司信息披露限制，本书对农业上市公司社会责任的测量未能涵括企业对农户责任、企业对环境责任两个重要方面，而这两个方面恰好是由传统类农业企业的关键利益相关者组成，所以两类农业企业的企业社会责任效果存在明显的差异。

第二，传统类农业企业与农、林、牧、渔等行业直接相关，为降低自然风险的危害，传统类农业企业一般会选择半产业链或全产业链的农业经营组织形式来进行农业生产经营活动。与之相比，制造类农业企业多数处于农业产业链中的一个节点，与更广泛的企业外部利益相关者相互联系，所以制造类农业企业可以通过履行社会责任，和企业外部利益相关者建立信任关系，有效通过流畅的信息通道获取各种市场信息，从而实现企业的良好成长。

6.2 实践启示

6.2.1 企业层面的管理启示

（1）在当今市场竞争日益激烈和环境复杂多变的情况下，农业企业可以尝试调整企业社会责任战略

在具体实践中可以考虑从如下几方面入手：首先，坚持以履行经济责任为基础。虽然企业承担社会责任的行为在一定程度上是追求社会目标的表现，但这种追求仍是以经济目标的实现为前提的。因此农业企业社会责任应该与企业发展战略紧密相结合，通过履行经济责任获得其成长过程中不同阶段的短期成长绩效，为长期成长绩效打好基础。然后，基于对企业资源有限性的考虑，农业企业可以通过合理分配资源履行企业伦理责任和慈善责任，从而为企业长期发展获得更广阔的成长空间。最后，尽管法律责任在本研究中并不显著，但法律责任是农业企业所不可忽视的，因为实践证明，法律责任是农业企业合法性的来源。不履行法律责任的农业企业不可能获得长远的发展，三鹿集团就是一个很好的例子。

（2）农业企业的资源是有限的，并不是所有的企业社会责任投资都会带来企业成长绩效的提高

本书认为，那些有利于增加企业社会资本的社会责任行为才能提升企业成长绩效。否则，即使企业有着很高的 CSP 水平也无法传到企业绩效层面。对于农业企业而言，不仅要关注企业社会资本的积累，也要关注在不同成长阶段企业对企业社会资本需求的变化，通过企业社会责任战略的配合来获得更有效的企业社会资本。

（3）农业企业社会责任对企业成长的促进作用是有条件的

农业企业社会责任随着企业所在的成长阶段、行业状况和自身能力的不同而变化。所以企业在进行社会责任决策时，必须考虑社会责任的对象与自身的资源与能力。对于处于创业或成长期的农业企业而言，企业社会责任投资的收益可能比成熟更为直接，效果更为明显，所以新创期的农业企业也要注重对企业社会责任的投入。企业能力越强，企业社会责任对企业成长绩效的积极作用越大，所以农业企业在进行社会责任策略计划时，不仅考虑现有履行社会责任的能力，也要制定相关提升企业能力的计划，从而使企业社会责任的效用最大化。总而言之，农业企业希望通过履行企业社会责任获得更多的社会资本、提升企业成长绩效，必须同时关注企业所处的行业情境，只有社会责任行为与履行社会责任的条件相匹配，才能达到企业与社会"双赢"的目的。

6.2.2　政府层面的政策启示

本书关于农业企业社会责任内涵的探讨以及结构变量对企业社会责任与企业成长关系的调节作用的研究对政府层面的政策有一定的启示。首先，政府需要根据农业行业的特性，完善各项法律法规、推动各种行业标准的形成。农业企业社会责任、农业企业成长均具有与一般非农业企业所不同的特点，政府应区别对待农业企业和非农企业的监管。其次，提高企业公民的道德素质和责任意识，从文化和道德层面寻求社会的稳定与和谐。公众舆论监督、商业伦理和企业责任意识的教育和宣传都可以使得企业外部处于更高的规范压力范畴，对农业企业社会责任效果有积极影响作用。再次，政府加大对各级龙头企业的宣传和监督作用。与"硬约束"相比，这类激发企业利益冲动的"软约束"手段效果更加。最后，政府应该积极引导农业企业履行企业社会责任的方式。对于处于弱质性行业的农业企业而言，不仅要坚持以经济责任、法律责任为基础社会责任，而且可以选择伦理责任与慈善责任相结合的方法，积极履行那些对累计企业社会资本有好处的企业社会责任。

6.3 研究局限和未来研究方向

6.3.1 研究局限

由于研究时间、自有资源等因素的制约，本研究存在以下局限：

受限于资金、人员等因素，问卷调查在样本的地区选择方面存在一定的不足之处。尽管问卷调查过程中遵循着随机发放的原则，收集的数据具有一定的代表性，但广东省和安徽省两个地区的数据对研究中国农业企业社会责任及企业成长特点还存在一定局限。在今后的研究中，将会通过更广泛的调查和严谨的研究设计，进一步验证本书的研究发现。

关于变量测量方面，尽管指标与概念不可能实现完全的吻合，本书的两个实证研究部分均选择了在目前情况中最适宜的方案之一，但还是存在一定的局限性。第4章关于农业上市公司的社会责任测量未能包括环境贡献、带动农户等方面的部分。第5章关于调研数据收集方面，企业成长绩效的衡量中也未包括一些非经济指标数据。

6.3.2 未来可能的研究方向

企业社会责任对企业成长的作用机制是多方面的，本书主要关注企业社会责任影响企业外部成长环境，通过提高企业从外部识别资源和获取资源的能力来影响企业成长。已有研究表明，企业履行社会责任对企业内在资源配置和使用也有影响，因此，在后续的研究中可以关注在农业企业背景下，企业社会责任对农业企业内部成长环境的影响。

企业成长过程中离不开一定的成长情境要素，为了研究模型的清晰，本书仅将内部组织情境（企业能力和成长阶段）和外部结构情境（制度压力和所属行业）作为调节变量纳入模型中考察农业企业社会责任对企业成长的影响。当然还存在着影响两者关系的其他因素。在今后的研究中，可以将更多情境特征变量作为调节变量。

　　本书的统计调查研究样本主要来自经济比较发达的地区，这也是中国企业社会责任理论相对领先的地区，基于这些地区的研究，对于中国其他地区的研究或者企业实践都具有较高的参考的价值。另外，如果能在抽样中增加经济发展较落后地区的研究则有助于进一步提供本研究的信度和效度，同时，还可以专门针对农业上市公司开展问卷调查研究，有助于比较农业上市和非上市公司企业社会责任效用的差异。

参 考 文 献

敖嘉焯，万俊毅，黄瓅，2013. 社会资本对农业企业绩效的影响研究 [J]. 软科学 (9)：117-121.

边燕杰，丘海雄，2000. 企业的社会资本及其功效 [J]. 中国社会科学 (2)：87-99，207.

曹亚勇，王建琼，于丽丽，2012. 公司社会责任信息披露与投资效率的实证研究 [J]. 管理世界 (12)：183-185.

常荔，李顺才，邹珊刚，2002. 论基于战略联盟的关系资本的形成 [J]. 外国经济与管理 (7)：29-33.

陈承，周中林，2014. 企业社会责任对竞争优势持续性的影响研究 [J]. 中国科技论坛 (5)：68-73.

陈宏辉，2004. 企业利益相关者的利益要求：理论与实证研究 [M]. 北京：经济管理出版社.

陈辉，2010. 中国农业企业社会责任信息披露研究——基于国内外农业企业的对标 [J]. 宏观经济研究 (10)：71-76.

陈纪平，2008. 家庭农场抑或企业化：中国农业生产组织的理论与实证分析 [J]. 经济学家 (3)：44-49.

陈秋珍，Johnsumelius，2007. 国内外农业多功能性研究文献综述 [J]. 中国农村观察 (3)：71-79，81.

陈维春，2008. 中国企业社会责任体系的建构 [J]. WTO 经济导刊 (6)：55-57.

陈玉清，马丽丽，2005. 我国上市公司社会责任会计信息市场反应实证分析 [J]. 会计研究 (11)：76-81.

陈祖英，2010. 金融危机对农业上市公司竞争力的影响——基于 30 家农业上市公司面板数据的实证分析 [J]. 中国农村经济 (4)：68-76.

崔迎科，刘俊浩，2012. 我国农业上市公司科技研发资源配置效率：实证分析及其解释 [J]. 科技进步与对策 (2)：95-100.

崔迎科，2013. 农业上市公司非农化经营"陷阱"的实证研究——基于 74 家农业上市公司面板数据 [J]. 农业技术经济 (7)：118-127.

杜建华，田晓明，蒋勤峰，2009. 基于动态能力的企业社会资本与创业绩效关系研究 [J]. 中国软科学 (2)：115-126.

参 考 文 献

段云，李菲，2014. QFII 对上市公司持股偏好研究：社会责任视角 [J]. 南开管理评论
（1）：44 - 50.

樊丽明，解垩，尹琳，2009. 农民参与新型农村合作医疗及满意度分析——基于 3 省 245
户农户的调查 [J]. 山东大学学报（哲学社会科学版）（1）：52 - 57.

方行明，李象涵，2011. 农业企业规模扩张与金融成长创新——基于雏鹰公司产业化模式
的调查 [J]. 中国农村经济（12）：35 - 43，53.

高静，张应良，2013. 农户创业：初始社会资本影响创业者机会识别行为研究——基于 518
份农户创业调查的实证分析 [J]. 农业技术经济（1）：32 - 39.

高亮之，1998. 农业发展的新趋势——农业信息化 [J]. 世界农业（4）：51 - 52.

高松，刘建国，王莹，2011. 科技型中小企业生命周期划分标准定量化研究——基于上海
市科技型中小企业的实证分析 [J]. 科学管理研究（2）：107 - 111.

郭红玲，2006. 国外企业社会责任与企业财务绩效关联性研究综述 [J]. 生态经济（4）：
83 - 86.

郝朝艳，平新乔，张海洋，等，2012. 农户的创业选择及其影响因素——来自“农村金融
调查”的证据 [J]. 中国农村经济（4）：57 - 65，95.

郝秀清，仝允桓，胡成根，2011. 基于社会资本视角的企业社会表现对经营绩效的影响研
究 [J]. 科学学与科学技术管理（10）：110 - 116.

郝云宏，唐茂林，王淑贤，2012. 企业社会责任的制度理性及行为逻辑：合法性视角 [J].
商业经济与管理（7）：74 - 81.

胡静，黎东升，2013. 我国中小型农业上市公司成长性实证研究 [J]. 农业技术经济（3）：
121 - 126.

胡铭，2009. 农业企业社会责任与经营绩效的实证研究——基于湖北仙洪新农村试验区的
数据 [J]. 农业经济问题（12）：56 - 63.

胡新艳，罗必良，2010. 村企合作模式的产生与组织效率：来自广东省百岭村的调查 [J].
农业经济问题（2）：95 - 100，114.

胡亚敏，陈宝峰，姚正海，2013. 我国农业上市公司社会责任与财务绩效，企业价值的关
系研究 [J]. 统计与决策（4）：173 - 176.

黄迈，董志勇，2014. 复合型现代农业经营体系的内涵变迁及其构建策略 [J]. 改革（1）：
45 - 52.

黄祖辉，俞宁，2010. 新型农业经营主体：现状，约束与发展思路——以浙江省为例的分
析 [J]. 中国农村经济（10）：18 - 28，58.

黄祖辉，张静，Kevin Chen，2008. 交易费用与农户契约选择——来自浙冀两省 15 县 30 个
村梨农调查的经验证据 [J]. 管理世界（9）：76 - 81.

江泽林，2006. 当代农业多功能性的探索——兼析海南多元特色农业 [J]. 中国农村经济
（5）：46 - 47.

姜波，毛道维，2011. 科技型中小企业资本结构与企业社会资本关系研究：技术创新绩效的观点 [J]. 科学学与科学技术管理（2）：140-145.

姜翰，金占明，焦捷，等，2009. 不稳定环境下的创业企业社会资本与企业"原罪"——基于管理者社会资本视角的创业企业机会主义行为实证分析 [J]. 管理世界（6）：102-114.

姜俊，2009. 我国农业企业的社会责任，创新与财务绩效的互动影响 [J]. 自然辩证法研究（11）：96-101.

姜岩，周宏，2005. 农业龙头企业生产率及效率分析——以南京市为例 [J]. 农业技术经济（1）：45-48.

蒋天颖，张一青，王俊江，2010. 企业社会资本与竞争优势的关系研究——基于知识的视角 [J]. 科学学研究（8）：1212-1221.

金水英，吴应宇，2008. 知识资本对高技术企业发展能力的贡献——来自我国高技术上市公司的证据 [J]. 科学学与科学技术管理（5）：117-121.

靳相木，薛兴利，1999. 拓展农业外延：农业现代化的必由之路 [J]. 农业现代化研究（4）：6-8.

雷家骕，2012. 企业成长管理学 [M]. 北京：清华大学出版社.

李达球，2003. 论农业企业化 [M]. 北京：经济日报出版社. 20-25.

李俊岭，2009. 我国多功能农业发展研究——基于产业融合的研究 [J]. 农业经济问题（3）：4-7，110.

李涛，黄晓蓓，王超，2008. 企业科研投入与经营绩效的实证研究——信息业与制造业上市公司的比较 [J]. 科学学与科学技术管理（7）：170-174.

李元旭，姚明晖，2013. 产业集聚度与企业成长的倒 U 形关系研究——基于广东省制造业上市公司面板数据的实证分析 [J]. 复旦学报（社会科学版）（6）：131-142，180.

梁桂全，2004. 企业社会责任：跨国公司全球化战略对我国企业的挑战 [J]. WTO 经济导刊（12）：91-92.

林筠，刘伟，李随成，2011. 企业社会资本对技术创新能力影响的实证研究 [J]. 科研管理（1）：35-44.

林卿，2012. 中国多功能农业发展与生态环境保护之思考 [J]. 福建师范大学学报（哲学社会科学版）（6）：25-29.

刘俊海，1999. 公司的社会责任 [M]. 北京：法律出版社.

刘连煜，2001. 公司治理与公司社会责任 [M]. 北京：中国政法大学出版社.

刘秀琴，2012. 原生型农业企业成长过程中社会资本属性的演变特征 [J]. 学术研究（3）：75-80.

刘志成，石巧君，2013. 社会责任与企业成长绩效的互动：31 家农业上市公司时态 [J]. 改革（11）：138-145.

楼栋，孔祥智，2013. 新型农业经营主体的多维发展形式和现实观照 [J]. 改革 (2)：67 - 79.

卢代富，2002. 企业社会责任的经济学与法学分析 [M]. 北京：法律出版社.

罗必良，欧晓明，2012. "公司＋农户"合作契约及其治理：东进农牧（惠东）有限公司的案例研究 [M]. 北京：中国农业出版社.

罗必良，2001. 农业经济组织若干特性分析 [J]. 南方农村 (1)：20 - 26.

吕耀，谷树忠，王兆阳，2004. 农业多功能性与国际农产品贸易政策改革 [J]. 经济地理 (11).

马立强，2011. 农业企业社会责任指标体系研究 [J]. 财会通讯 (15)：119 - 121.

马少华，欧晓明，2013. 农业企业的内涵研究：一个不可忽视的话题 [J]. 农村经济 (6)：50 - 53.

马少华，欧晓明，2013. 农业企业社会责任危机响应模式——基于双汇"瘦肉精"事件的案例研究 [J]. 广东农业科学 (3)：231 - 233.

米运生，姜百臣，牟小容，2008. 经营模式，组织形式，资本结构的交互影响与农业企业成长：基于温氏集团的实证研究 [J]. 中国工业经济 (8)：132 - 142.

莫少颖，计红，2012. 农业企业承担社会责任促进机制研究 [J]. 农业经济 (3)：31 - 33.

欧晓明，汪凤桂，2011. 社会资本，非正式制度和农业企业发展：机制抑或路径 [J]. 改革，24 (10)：116 - 125.

彭正龙，王海花，2010. 企业社会责任表现与员工满意度对组织即兴效能的影响 [J]. 心理科学 (1)：118 - 121.

邱浩政，2005. 量化研究法（一）：研究设计与资料处理 [M]. 台北：双叶书廊.

任兆兴，陈东平，2014. 农村民间借贷行为中农户社会资本匹配研究——关系嵌入视角 [J]. 现代财经（天津财经大学学报）(9)：78 - 88.

沈艺峰，刘微芳，游家兴，2009. 嵌入性：企业社会资本和企业融资结构——来自我国房地产上市公司的经验证据 [J]. 经济管理 (5)：109 - 116.

生秀东，2007. 订单农业的契约困境和组织形式的演进 [J]. 中国农村经济 (12)：37 - 41，48.

石军伟，付海艳，2010. 企业的异质性社会资本及其嵌入风险——基于中国经济转型情境的实证研究 [J]. 中国工业经济 (11)：109 - 119.

石军伟，胡立君，付海艳，2009. 企业社会责任，社会资本与组织竞争：一个战略互动的视角——基于中国转型期经验的实证研究 [J]. 中国工业经济 (11)：87 - 98.

石军伟，胡立君，2005. 企业社会资本的自愿供给：一个静态博弈模型 [J]. 数量经济技术经济研究 (8)：17 - 25.

石智雷，杨云彦，2012. 家庭禀赋，家庭决策与农村迁移劳动力回流 [J]. 社会学研究

（3）：157－181，245.

宋玉军，2010. 农业多功能化：以工促农，以城带乡的又一着力点 [J]. 经济问题探索
　　（3）：39－43.

孙中华，2012. 大力培育新型农业经营主体夯实建设现代农业的微观基础 [J]. 农村经营
　　管理（1）：1.

田育，1985. 若干农业概念的改革 [J]. 改革与战略（2）：35－37.

王凤彬，刘松博，2007. 企业社会资本生成问题的跨层次分析 [J]. 浙江社会科学（4）：
　　87－98，132.

王晓巍，陈慧，2011. 基于利益相关者的企业社会责任与企业价值关系研究 [J]. 管理科
　　学（6）：29－37.

王昕，陆迁，2012. 小型水利设施的合作供给与积极性找寻：陕省 700 个农户样本 [J].
　　改革（10）：130－135.

王永，2007. 企业社会资本对人力资本的整合 [J]. 山东大学学报（哲学社会科学版）
　　（3）：57－62.

王裕雄，林岗，2012. 刘易斯拐点时期的中国农业：特征与对策 [J]. 中共中央党校学报
　　（6）：66－69.

韦影，2007. 企业社会资本的测量研究 [J]. 科学学研究（3）：518－522.

韦影，2007. 企业社会资本与技术创新：基于吸收能力的实证研究 [J]. 中国工业经济
　　（9）：119－127.

尉建文，2008. 企业社会资本的概念与测量：一个综合理论分析框架 [J]. 社会（6）：60－
　　70，224－225.

乌东峰，谷中原，2008. 论现代多功能农业 [J]. 求索（2）：1－6.

吴志攀，1996. 金融法概论 [M]. 北京：北京大学出版社.

伍国勇，2011. 基于现代多功能农业的工业化，城镇化和农业现代化"三化"同步协调发
　　展研究 [J]. 农业现代化研究（4）：3－7.

夏清华，李雯，2010. 企业成长性评价的研究特征述评——基于元研究的量化分析 [J].
　　中国软科学（S1）：290－296.

夏振坤，何信生，1984. 关于我国农业系统范畴及结构模式概念开发的研究 [J]. 系统工
　　程理论与实践（2）：26－30.

向朝进，谢明，2003. 我国上市公司绩效与公司治理结构关系的实证分析 [J]. 管理世界
　　（5）：117－124.

谢洪明，葛志良，王成，2008. 社会资本，企业文化，知识整合与核心能力：机制与路
　　径——华南地区企业的实证研究 [J]. 研究与发展管理（2）：71－80.

谢佩洪，周祖城，2009. 中国背景下 CSR 与消费者购买意向关系的实证研究 [J]. 南开管
　　理评论（1）：64－70.

参 考 文 献

徐泓，朱秀霞，2012. 低碳经济视角下企业社会责任评价指标分析 [J]. 中国软科学（1）：153 - 159.

徐鹏，徐向艺，2013. 子公司动态竞争能力纬度建构与培育机制——基于集团内部资本配置的视角 [J]. 中国工业经济（5）.

徐尚昆，杨汝岱，2007. 企业社会责任概念范畴的归纳性分析 [J]. 中国工业经济（5）：73 - 81.

徐尚昆，杨汝岱，2009. 中国企业社会责任及其对企业社会资本影响的实证研究 [J]. 中国软科学（11）：119 - 128，146.

徐维爽，张庭发，宋永鹏，2012. 创业板上市公司成长性及技术创新贡献分析 [J]. 现代财经（天津财经大学学报）（1）.

杨楠，倪洪兴，2005. WTO 农业谈判中的非贸易关注问题 [J]. 中国农村经济（10）.

杨培源，2011. 以功能多元化促进农业可持续发展 [J]. 宏观经济管理（5）：47 - 48.

杨启智，2005. 股权融资与农业高新技术企业的成长 [J]. 农村经济（12）：74 - 76.

杨学儒，李新春，2013. 地缘近似性，先前经验与农业创业企业成长 [J]. 学术研究（7）：64 - 69，78，159.

杨振山，蔡建明，2007. 都市农业加工型企业的发展机理与模式——以互润食品集团为例 [J]. 地理研究（2）：363 - 372.

杨征，田婉琳，2012. 包容中共存共荣：农业龙头企业温氏集团的成功之道 [J]. 老区建设（12）：13 - 17.

杨忠智，乔虎印，2013. 行业竞争属性，公司特征与社会责任关系研究——基于上市公司的实证分析 [J]. 科研管理（3）：58 - 67.

杨自业，尹开国，2009. 公司社会绩效影响财务绩效的实证研究——来自中国上市公司的经验证据 [J]. 中国软科学（11）：109 - 118.

姚文，祁春节，2011. 交易成本对中国农户鲜茶叶交易中垂直协作模式选择意愿的影响——基于 9 省（区，市）29 县 1 394 户农户调查数据的分析 [J]. 中国农村观察（2）：52 - 66.

叶敬忠，朱炎洁，杨洪萍，2004. 社会学视角的农户金融需求与农村金融供给 [J]. 中国农村经济（8）：31 - 37，43.

易丹辉，2008. 数据分析与 EViews 应用 [M]. 北京：中国人民大学出版社.

于亢亢，朱信凯，王浩，2012. 现代农业经营主体的变化趋势与动因——基于全国范围县级问卷调查的分析 [J]. 中国农村经济（10）：80 - 92.

俞佳琴，俞丽娜，叶培群，2012. 浙江省农业企业社会责任现状调研 [J]. 中外企业家（21）：177 - 178.

袁家方，1990. 企业社会责任 [M]. 北京：海洋出版社.

翟华云，2012. 产权性质，社会责任表现与税收激进性研究 [J]. 经济科学（6）：80 - 90.

张兵，孟德锋，刘文俊，方金兵，2009. 农户参与灌溉管理意愿的影响因素分析——基于苏北地区农户的实证研究 [J]. 农业经济问题 (2)：66 - 72，111.

张红宇，赵革，2006. 新农村建设要充分释放农业的多重功能 [J]. 农村经济 (5)：3 - 5.

张庆，孙京娟，2007. 一种农业生产与分配的组织形式："农业企业" [J]. 生产力研究 (15)：32 - 34，167.

张胜荣，吴声怡，2013. 农业企业社会责任的特殊性及实现路径 [J]. 江苏农业科学，41 (1)：418 - 420.

张胜荣，2013. 农业企业社会责任行为现状分析——基于 5 个省份的调研数据 [J]. 广东农业科学 (17)：211 - 215.

张文江，陈传明，2009. 企业社会资本与企业家社会资本的贯通性研究 [J]. 科学学与科学技术管理 (2)：186 - 190.

张旭，宋超，孙亚玲，2010. 企业社会责任与竞争力关系的实证分析 [J]. 科研管理 (3)：149 - 157.

张兆国，靳小翠，李庚秦，2013. 企业社会责任与财务绩效之间交互跨期影响实证研究 [J]. 会计研究 (8)：32 - 96.

张照新，赵海，2013. 新型农业经营主体的困境摆脱及其体制机制创新 [J]. 改革 (2)：80 - 89.

张中赫，康之良，冯仁德，2011. 农业龙头企业发展分析——基于美中鹅业有限公司发展调查 [J]. 安徽农业科学 (5)：3086 - 3089，3093.

章先华，谢凡荣，贾仁安，2012. 农业企业社会环保责任的博弈分析 [J]. 企业经济 (11)：20 - 24.

郑胜利，陈国智，2002. 企业社会资本积累与企业竞争优势 [J]. 生产力研究 (1)：133 - 135，137.

钟红，谷中原，2010. 多功能农业的产业特性与政府资金支持措施 [J]. 求索 (4)：73 - 75.

周斌，李艳军，孙丽，等，2009. 企业社会资本对技术创新绩效的影响——农业企业的实证研究 [J]. 科技管理研究 (5)：136 - 139.

周文，李晓红，2009. 中国经济转型中的企业成长——基于分工与信任的视角 [J]. 管理世界 (12)：180 - 181.

周小虎，陈传明，2004. 企业社会资本与持续竞争优势 [J]. 中国工业经济 (5)：90 - 96.

周延风，罗文恩，肖文建，2007. 企业社会责任行为与消费者响应——消费者个人特征和价格信号的调节 [J]. 中国工业经济 (3)：62 - 69.

周应恒，耿献辉，2007. 现代农业内涵、特征及发展趋势 [J]. 中国农学通报 (10)：33 -

36.

周友苏，2006. 新公司法论 [M]. 北京：法律出版社.

周祖城，张漪杰，2007. 企业社会责任相对水平与消费者购买意向关系的实证研究 [J]. 中国工业经济 (9)：111-118.

朱启荣，闫国宏，王胜利，2003. 贸易自由化进程中的农业多功能性问题 [J]. 国家贸易问题 (6).

Acquaah. M，2007. Managerial Social Capital，Strategic Orientation，and Organizational Performance in an Emerging Economy. Strategic Management Journal，28 (12)：1235-1255.

Albinger，H. S. and Freeman，S. J，2000. Corporate Social Performance and Attractiveness as an Employer to Different Job Seeking Populations [J]. Journal of Business Ethics，28 (3)：243-253.

Barney，J. B，1991. Firms Resources and Sustained Competitive Advantage [J]. Journal of Management，17 (1)：99-120.

Baron，R. M. and Kenny，D. A，1986. The Moderator-mediator Variable Distinction in Social Psychological Research Conceptual，Strategic，and Statistical Considerations [J]. Journal of Personality and Social Psychology，51 (6)：1173-1182.

Basu，K and Palazzo，G，2009. Corporate Social Responsibility：A Process Model of Sensemaking [J]. Academy of Management Review，33 (1)：122-136.

Bertels，S. and Peloza，J，2008. Running Just to Stand Still? Managing CSR Reputation in an Era of Ratcheting Expectations [J]. Corporate Reputation Review，11 (1)：56-72.

Beurden，P. V. and Gössling，T，2008. The Worth of Values —— A Literature Review on the Relation Between Corporate Social and Financial Performance [J]. Journal of Business Ethics，82 (2)：407-424.

Blair，M. M，1995. Ownership and Control：Rethinking Corporate Governance for the Twenty-first Century [M]. Brookings Institution Press.

Bourne，C and Hahn，T，1987. Corporate Stakeholders and Corporate Finance [J]. Financial Management，16 (1)：5-14.

Bowman，E. H and Haire，M，1975. A Strategic Posture Toward Corporate Social Responsibility [J]. California Management Review，18 (2)：49-58.

Brown，T. J. and Dacin，P. A，1997. The Company and the Product：Corporate Associations and Consumer Product Responses [J]. Journal of Marketing，61 (1)：68-84.

Burke，L and Logsdon，J. M，2007. How corporate social responsibility pays off [J]. Hr Magazine，29 (4)：495-502.

Burt，1997. The Contingent Value of Social Capital [J]. Administrative Science Quarterly，(42)：102-111.

Carroll, A. B, 2002. Business & Society: Ethics and Stakeholder Management [J]. South Western Publishing.

Carroll, A. B, 1991. The Pyramid of Corporate Social Responsibility: Toward the Moral Management of Organizational Stakeholders [J]. Business Horizons, 34 (4): 39 - 48.

Clakson M. B, 1995. A Stakeholder Framework for Analyzing and Evaluating Corporate Social Performance [J]. Academy of Management Review (1).

Clarkson, M. B, 1995. A stakeholder Framework for Analyzing and Evaluating Corporate Social Performanc [J]. Academy of Management Review, 20 (1): 92 - 117.

Cochran, P. L. and Wood, R. A, 2005. Corporate Social Responsibility and Financial Performance [J]. Corporate Governance, 27 (3): 129 - 138.

Day, G. S, 1994. The Capabilities of Market - driven Organizations [J]. The Journal of Marketing, 58 (4): 37 - 52.

Deborah Doane, 2005. Beyond Corporate Social Responsibility: minnows, mammoths and markets [J]. Futures, 37 (2/3): 215 - 229.

Donaldson, T. and Preston, L. E, 1995. The Stakeholder Theory of the Corporation: Concepts, Evidence, and Implications [J]. Academy of Management Review, 20 (1): 65 - 91.

Drucker, P, 1973. Management: Tasks, Responsibilities, Practices [M]. New York: Harper & Row.

Fombrun, C. J, 1998. Indices of Corporate Reputation: An Analysis of Media Rankings and Social Monitors' Ratings [J]. Corporate Reputation Review, 1 (4): 327 - 340.

Foss, N. J, 1993. The Theory of the Firm: Contractual and Competence Perspectives [J]. Journal of Evolutionary Economics (3): 127 - 44.

Freeman, R. E, 1984. Strategic Management: a Stakeholder Approach [J]. Cambridge University Press.

Friedman, M, 1984. The Social Responsibility of Business Is to Increase Its Profits [J]. New York Times Magazine, 32 (6): 173 - 178.

Gabbay, S. M. and Leenders, R, 1999. CSC: The Structure of Advantage and Disadvantage [M]. Springer US.

Geva, A, 2008. Three Models of Corporate Social Responsibility: Interrelationships between Theory, Research, and Practice [J]. Business and Society Review, 113 (1): 1 - 41.

Goldberg, Marvin E. , Jon Hartwick, 1990. The Effects of Advertiser Reputation and Extremity of Advertising Claim on Advertising Effectiveness [J]. Journal of Consumer Research, (September): 172 - 179.

Goodpaster, K. E. 1991. Business Ethics and Stakeholder Analysis [J]. Business Ethics

Quarterly 1 (1): 53 - 74.

Griffin, J. J. and Mahon, J. F, 1997. The Corporate Social Performance and Corporate Financial Performance Debate: Twenty - Five Years of Incomparable Research [J]. Business and Society, 36 (36): 5 - 31.

Grootaert, C, 1999. Social Capital, Household Welfare, and Poverty in Indonesia, World Bank Policy [A]. Research Working Paper No. 2148.

Guthrie, J. and Petty, R, 2000. Intellectual Capital Australian Annual Reporting Practices [J]. Journal of Intellectual Capital, 1 (3): 241 - 251.

Handelman, Jay M. , StePhenJ. Amold, 1999. The Role of Marketing Actions with a Social Dimension: Appeals to the Institutional Environment [J]. Journal of Marketing, 63 (3): 33 - 48.

Herpen, Erica Van, Joost M. E, 2003. Pennings, Matthew Meulenberg. Consumers' Evaluations of Socially Responsible Activities in Retailing [A]. Manhole Working Paper, MWP - 04 (6).

Hoang, H. and Rothaermel, F. T, 2010. Leveraging Internal and External Experience: Exploration, Exploitation, and R&D Project Performance [J]. Strategic Management Journal, 31 (6): 734 - 758.

Holman, W. R. , New, J, 1985. R and Singer Daniel. The Impact of Corporate Social Responsiveness on Shareholder Wealth [J]. Research in Corporate Social Performance and Policy (7): 137 - 152.

James, P. K, 1998. The Loyalty Contract: Employee Commitment and Competitive Advantage [J]. UPS Pressroom Home Page, http: //pressroom, ups. com/execforum/speeches/FF. html.

Jones, T. M, 1995. Instrumental Stakeholder Theory: A Synthesis of Ethics and Economics [J]. Academy of Management Review, 20 (2): 404 - 437.

Karna, J. , Eric, H, 2003. and HerkkiJuslin. Social Responsibility in Environmental Marketing Planning [J]. European Journal of Marketing, 37 (5/6): 848 - 871.

Kotter, J. P. and Heskett, J. L, 1992. Corporate Culture and Performance [M]. The Free Press.

Landry R. , Amara N. and Lamari M, 2002. Does Social Capital Determine Innovation? To What Extent? [J]. Technological Forecasting and Social Change, 69 (7): 681 - 701.

Lankoski, L, 2000. Determinants of Environmental Profit. An Analysis of the Firm - Level Relationship Between Environmental Performance and Economic Performance [J]. Helsinki University of Technology.

Lin, N, 2001. Social Capital: A Theory of Social Structure and Action [M]. Cambridge:

Cambridge University Press.

Masse, B. L, 1953. Social Responsilities of the Businessman [J]. America.

Mcwilliams, A. and Siegel, D, 2001. Corporate Social Responsibility: A Theory of the Firm Perspective [J]. Academy of Management Review, 26 (1): 117 – 127.

McWilliams, A. , Siegel, D. and Wright, P. M, 2006. Corporate Social Responsibility: Strategic Implications [J]. Journal of Management Studies (43): 1 – 18.

Miles, M. P. and Covin, J. G, 2000. Environmental Marketing: A Source of Reputational, Competitive, and Financial Advantage [J]. Journal of Business Ethics, 23 (3): 299 – 311.

Moskowitz, M, 1972. Choosing Socially Responsible Stocks [J]. Business & Society Review, 1 (1): 71 – 75.

Munilla, L. S. and Miles, M. P, 2005. The Corporate Social Responsibility Continuum as a Component of Stakeholder Theory [J]. Business and Society Review, 110 (4): 371 – 387.

Oliver Sheldon. The Social Responsibility of Management (Excerpts from Chapter III) [A]. In Oliver Sheldon (Ed.). The Philosophy of Management [C]. London: Sir Isaac Pitman and Sons Ltd. , First published 1924, Reprinted 1965: 70 – 99.

Parket, I. R, 1975. and Eilbirt H. The Practice of Business Social Responsibility: the Underlying Factors [J]. Business Horizons, 18 (18): 5 – 10.

Pava, M. L. and Krausz, J, 1996. The Association between Corporate Social – responsibility and Financial Performance: The Paradox of Social Cost [J]. Journal of Business Ethics, 15 (3): 321 – 357.

Peterson, D. K, 2004. The Relationship between Perceptions of Corporate Citizenship and Organizational Commitment [J]. Business and Society, 43 (43): 296 – 319.

Podolny, J. M. and Page, K. L, 1998. Network Forms of Organization [J]. Annual Review of Sociology, 24: 57 – 76.

Porter, M. E. and Kramer, M. R, 2006. Strategy and Society: The Link between Competitive Advantage and Corporate Social Responsibility [J]. Harvard Business Review, 84 (12): 78 – 92.

Prahalad and Gary Hamel, 1990. The Core Competence of the Corporation [J]. Harvard Business Review, (5/6).

Preston, L. E. and Obannon, D. P, 1997. The Corporate Social – Financial Performance RelationshipA Typology and Analysis [J]. Business and Society, 36 (4): 419 – 429.

Robinson, K. C, 1998. An Examination of the Influence of Industry Structure on Eight Alternative Measures of New Venture Performance for High Potenial Independent New Ventures

[J]. Journal of Business Venturing, 14 (2): 165 – 187.

Royle, T, 2005. Realism or Idealism? Corporate Social Responsibility and the Employee Stakeholder in the Rlobal Fast – food Industry [J]. Business Ethics: A European Review, 14 (1): 42 – 55.

Schwartz, M. S and Carroll, A. B, 2003. Corporate Social Responsibility: a Three – domain Approach [J]. Business Ethics Quarterly, 13 (4): 503 – 530.

Scott, W. R, 1995. Institutions and Organizations [M]. London: Sage.

Sen, S., Bhattacharya, C. B., Korschun, D, 2006. The Role of Corporate Social Responsibility in Strengthening Multiple Stakeholder Relationships: A field Experiment [J]. Journal of the Academy of Marketing Science, 34 (2): 158 – 166.

Solomon, R. C. and Hanson, K. R, 1985. It's Good Business [J]. Business Horizons, 35 (11): 54 – 57.

Song, M., Droge, C., Hanvanich, S. and Calantone, R, 2005. Marketing and Technology Resource Complementarity: An analysis of Their Interaction Effect in Two Environmental Contexts [J]. Strategic Management Journal, 26 (3): 259 – 276.

Tsai, W. and Ghoshal, S, 1998. Social Capital and Value Creation: the Role of Intrafirm Networks [J]. Academy of Management Journal, 41 (4): 464 – 476.

Turban, D. B. and Greening, D. W, 1996. Corporate Social Performance and Organizational Attractiveness to Prospective Employees [J]. Academy of Management Journal, 40 (3): 658 – 672.

Ullmann, A. A, 1985. Data in Search of a Theory: A Critical Examination of the Relationships among Social Performance, Social Disclosure, and Economic Performance of U. S. Frims [J]. Academy of Management Review (10): 540 – 557.

Uzzi, B. and Gillespie, J. J, 1998. Interfirm Relationships and the Organization of a Firm's Financial Capital Structure: the Case of the Middle Market [J]. Sociology of Organizations (16): 107 – 126.

Vance, S. C, 1975. Are Socially Responsible Corporations Good Investment Risks? [J]. Management Review.

Waddock, S. A. and Graves, S. B, 1997. The Corporate Social Performance – financial Performance link [J]. Strategic Management Journal, 18 (4): 303 – 319.

Wagner, M. and Schaltegger, S, 2004. The Effect of Corporate Environmental Strategy Choice and Environment Performance on Competitiveness and Economic Performance: An Empirical Study of EU Manufacturing [J]. European Management Journal, 22 (5): 557 – 572.

White, G. P, 1996. A Meta – analysis Model of Manufacturing Capabilities [J]. Journal of

Operations Management，14（4）：315 - 331.

Wood，D. J，1991. Corporate Social Performance Revisited ［J］. Academy of Management Review，16（4）.

Yusuf，A，2002. Environmental Uneertainty，the Entrepreneurial Orientation of Business Ventures and Performanee ［J］. Intemational Journal of Conunerce and Management，12 （3/4）：83 - 103.

附录 A 初始问卷

农业企业履行企业社会责任状况调查问卷

问卷编号：＿＿＿＿＿＿＿

尊敬的女士/先生：

您好！衷心感谢您拨冗参与本次调查！您所看到是一份有关农业企业社会责任研究的学术性问卷调查表，是针对我们承担的国家自然科学基金项目而设计，目的在于了解农业企业履行企业社会责任的情况，包括动机、路径、效果等方面。希望能够借助您的专业知识背景和在业界参与的经验，为农业企业社会责任评价指标体系的建立提供依据，对制定有针对性的农业企业扶持政策提供帮助，进而为政府相关职能部门出台支持农业企业发展的政策提供决策依据。

我们郑重承诺，您在本问卷中的所有回答都将被严格保密，所有的数据资料仅用于学术研究，与任何官方机构、商业机构和新闻媒体等均无任何利益关系，调查的结果将只是结论性的报告，不涉及任何个人的回答。此外，本次调查的结果不会用于任何形式的个人表现评价，答案没有对错之分，因此请您放心作答，并提供真实有效的信息。在需要选择数字时，电子版的填写者请将相应数字选为红色，纸质版的填写者请直接打"√"。电子版的问卷填写完毕后可以直接发至 success0720@126.com；纸质版的问卷表请交给发放人。

若您对研究结论感兴趣，请留下您的联系方式或者 E-mail：＿＿＿＿＿＿＿。

再次感谢您给我们提供的帮助与支持！

《农业企业社会责任：动机、行为与路径选择》课题组

2013 年 7 月 8 日

第一部分：有关农业企业社会责任的调查

请根据您的经验并结合本企业实际情况，对下列陈述进行判断，并选择合适的分值。数字"1"到"6"分别表示您对情况表述的六种同意程度，"1"表示"完全不同意"，"6"表示"完全同意"，请在相应的数字上打"√"即可。

（一）农业企业社会责任行为

贵企业履行企业社会责任的实际情况是	完全不同意……完全同意					
C11 维持高水平的生产率	1	2	3	4	5	6
C12 保持持续盈利	1	2	3	4	5	6
C13 追求能够增加利润的机会	1	2	3	4	5	6
C14 追求长期投资回报最大化	1	2	3	4	5	6
C15 保持较强的竞争地位	1	2	3	4	5	6
C16 提供质量安全的农产品	1	2	3	4	5	6
C17 为农民提供就业岗位，转移农村剩余劳动力	1	2	3	4	5	6
C18 产业辐射周边农村地区，带动农户增收	1	2	3	4	5	6
C21 遵守法律法规，是一个守法的企业公民	1	2	3	4	5	6
C22 履行法律义务	1	2	3	4	5	6
C23 依法纳税	1	2	3	4	5	6
C24 生产经营活动遵循环境标准	1	2	3	4	5	6
C25 提供的产品或服务，满足法律最起码的要求	1	2	3	4	5	6
C31 遵守社会规范、道德和不成文的法律	1	2	3	4	5	6
C32 认可并尊重社会新的或不断变化的道德规范	1	2	3	4	5	6
C33 做符合伦理道德期望的事情	1	2	3	4	5	6
C34 不会为了实现目标，而违反社会规范和伦理道德	1	2	3	4	5	6
C35 遵守商业道德，诚信经营	1	2	3	4	5	6
C36 遵循农村社区的价值观念与文化	1	2	3	4	5	6
C41 参与农村社区的志愿和慈善活动	1	2	3	4	5	6
C42 为农村的文化教育机构提供援助	1	2	3	4	5	6
C43 有长期持续参加慈善公益活动的计划	1	2	3	4	5	6
C44 向慈善机构、公益活动捐赠	1	2	3	4	5	6
C45 参加公益组织或协会	1	2	3	4	5	6
C46 对农村社区的非生产性投资，例如基础设施建设等	1	2	3	4	5	6
C47 参与社会主义新农村建设	1	2	3	4	5	6
C48 关注农村弱势群体	1	2	3	4	5	6
C49 防治和保护农村环境	1	2	3	4	5	6

（二）农业企业成长绩效

与同行业其他企业相比，我们公司：	
G11 净收益率（净收益/总销售额）	1 很低　2 较低　3 稍低　4 稍高　5 较高　6 很高
G12 投资收益率	1 很低　2 较低　3 稍低　4 稍高　5 较高　6 很高
G13 市场占有率	1 很低　2 较低　3 稍低　4 稍高　5 较高　6 很高
G21 净收益增长速度	1 很低　2 较低　3 稍低　4 稍高　5 较高　6 很高
G22 销售额增长速度	1 很低　2 较低　3 稍低　4 稍高　5 较高　6 很高
G23 市场份额的增长速度	1 很低　2 较低　3 稍低　4 稍高　5 较高　6 很高
G31 公司员工数量增长	1 大幅压缩　2 少量压缩　3 稍有压缩　4 稍有增员　5 少量增员　6 大幅增员
G32 公司员工士气	1 很低　2 较低　3 稍低　4 稍高　5 较高　6 很高
G33 公司总体竞争能力	1 很弱　2 较弱　3 稍弱　4 稍强　5 较强　6 很强
G34 未来持续经营 5 年以上的可能性	1 很没信心　2 较没信心　3 稍没信心　4 稍有信心　5 较有信心　6 很有信心
G35 未来持续经营 8 年以上的可能性	1 很没信心　2 较没信心　3 稍没信心　4 稍有信心　5 较有信心　6 很有信心

（三）农业企业社会资本

贵企业在履行企业社会责任的过程中，出现	完全不同意……完全同意				
E31 与工商税收等管制部门建立良好关系	1	2	3	4	5	6
E32 与金融机构建立长期合作关系	1	2	3	4	5	6
E33 与政府相关部门建立良好关系	1	2	3	4	5	6
E34 高层管理团队的社会交往更广泛	1	2	3	4	5	6
E35 与合作伙伴之间的信任水平提高	1	2	3	4	5	6
E36 与媒体新闻界建立良好关系	1	2	3	4	5	6
E37 与上下游合作伙伴建立良好合作关系	1	2	3	4	5	6

（四）农业企业履行企业社会责任的内外部环境状况

贵企业内外部环境的实际情况是	完全不同意……完全同意				
A11 企业的产品生产成本很低	1	2	3	4	5	6
A12 企业拥有先进的生产技术和设备	1	2	3	4	5	6

（续）

贵企业内外部环境的实际情况是	完全不同意……完全同意					
A13 企业能够迅速调整生产计划以应对风险	1	2	3	4	5	6
A14 企业具有很强的构建和维系农户关系的能力	1	2	3	4	5	6
A21 企业具有很强的构建和维系消费者关系的能力	1	2	3	4	5	6
A22 企业对市场需求的变化非常敏感	1	2	3	4	5	6
A23 企业具有很强的构建和维系分销商关系的能力	1	2	3	4	5	6
I11 本地保护农户、消费者、自然环境等方面的法规政策完善	1	2	3	4	5	6
I12 本地对政府官员的政绩考核标准主要是经济指标	1	2	3	4	5	6
I13 各级政府对违反社会责任的经营行为有严厉的惩罚措施	1	2	3	4	5	6
I14 各级政府通过各种形式宣传企业社会责任理念	1	2	3	4	5	6
I15 国家对公众反应的违反社会责任行为有迅速反应	1	2	3	4	5	6
I21 对社会负责的经营理念备受本地公众的推崇	1	2	3	4	5	6
I22 公众对企业负责任地对待利益相关者的行为非常赞赏	1	2	3	4	5	6
I23 企业所在的行业组织制定了企业社会责任准则	1	2	3	4	5	6
I31 业内企业因其社会责任履行较好而扩大了它的知名度	1	2	3	4	5	6
I32 公司从行业或职业协会中了解企业社会责任理念	1	2	3	4	5	6
I33 同行业的企业积极履行企业社会责任对本企业有深刻影响	1	2	3	4	5	6

第二部分：个人和企业背景资料

性别	1. 男　2. 女
年龄	1.20～29 岁　2.30～39 岁　3.40～49 岁　4.50 岁以上
职位	1. 基层管理人员　2. 中层管理人员　3. 高层管理人员
最高学历	1. 初中及以下　2. 中专或高中　3. 大专　4. 本科　5. 研究生及以上
行业经验（年）	
企业名称	
企业成立时间	
企业所有权	1. 国有企业　2. 集体企业　3. 民营企业　4. 外资（或合资）企业
企业所属行业	1. 种植　2. 养殖　3. 种子种苗　4. 农产品加工　5. 流通和市场　6. 饲料和添加剂　7. 农业服务　8. 综合　9. 其他
企业是否属于农业龙头企业	1. 是（A. 国家农业龙头企业　B. 省级农业龙头企业　C. 市级农业龙头企业）　2. 否
带动农户数（户）	

（续）

员工数量	1.1～50 人　2.51～100 人　3.101～500 人　4.500 人以上
年销售额	1.100 万元以下　2.100 万～500 万元　3.501 万～1 000 万元 4.1 001 万～5 000 万元　5.5 001 万元以上
年所得税	1.50 万元以下　2.50 万～100 万元　3.101 万～500 万元　4.501 万～ 1 000 万元　5.1 001 万元以上
资产总额（万元）	
企业是否有出口业务	1. 有（出口业务占营业收入的_____％） 2. 没有

请根据以下描述指出贵企业的企业社会责任实践处于哪个阶段？
1. 防御阶段：关注短期内企业的销售、招聘、生产力和品牌
2. 遵守阶段：采用策略性的遵守方法，规避风险
3. 管理控制阶段：嵌入社会问题到企业的核心管理过程中
4. 战略规划阶段：整合社会问题到企业的核心业务战略中
5. 公民参与阶段：促进广泛的行业参与企业社会责任

请根据以下的描述指出贵企业处于哪个发展阶段？
1. 初创期：成立时间不久，成立成本巨大，产品没被广泛认可，利润几乎不存在
2. 成长期：企业被广泛认可，销售额和利润快速地增长
3. 成熟期：企业产品或服务结构稳定，销售额和利润增长速度稳定或稍微放慢

问卷到此结束，感谢您的耐心参与！

附录 B　正式问卷

农业企业履行企业社会责任状况调查问卷

问卷编号：_____

尊敬的女士/先生：

您好！衷心感谢您拨冗参与本次调查！您所看到是一份有关农业企业社会责任研究的学术性问卷调查表，是针对我们承担的国家自然科学基金项目而设计，目的在于了解农业企业履行企业社会责任的情况，包括动机、路径、效果等方面。希望能够借助您的专业知识背景和在业界参与的经验，为农业企业社会责任评价指标体系的建立提供依据，对制定有针对性的农业企业扶持政策提供帮助，进而为政府相关职能部门出台支持农业企业发展的政策提供决策依据。

我们郑重承诺，您在本问卷中的所有回答都将被严格保密，所有的数据资料仅用于学术研究，与任何官方机构、商业机构和新闻媒体等均无任何利益关系，调查的结果将只是结论性的报告，不涉及任何个人的回答。此外，本次调查的结果不会用于任何形式的个人表现评价，答案没有对错之分，因此请您放心作答，并提供真实有效的信息。在需要选择数字时，电子版的填写者请将相应数字选为红色，纸质版的填写者请直接打"√"。电子版的问卷填写完毕后可以直接发至success0720@126.com；纸质版的问卷表请交给发放人。

若您对研究结论感兴趣，请留下您的联系方式或者 E-mail：_____。
再次感谢您给我们提供的帮助与支持！

《农业企业社会责任：动机、行为与路径选择》课题组

2013 年 10 月 8 日

第一部分：有关农业企业社会责任的调查

请根据您的经验并结合本企业实际情况，对下列陈述进行判断，并选择合适的分值。数字"1"到"6"分别表示您对情况表述的六种同意程度，"1"表示"完全不同意"，"6"表示"完全同意"，请在相应的数字上打"√"即可。

（一）农业企业社会责任行为

贵企业履行企业社会责任的实际情况是	完全不同意……完全同意					
C11 维持高水平的生产率	1	2	3	4	5	6
C12 保持持续盈利	1	2	3	4	5	6
C13 追求能够增加利润的机会	1	2	3	4	5	6
C14 追求长期投资回报最大化	1	2	3	4	5	6
C15 保持较强的竞争地位	1	2	3	4	5	6
C21 遵守法律法规，是一个守法的企业公民	1	2	3	4	5	6
C22 履行法律义务	1	2	3	4	5	6
C23 依法纳税	1	2	3	4	5	6
C24 生产经营活动遵循环境标准	1	2	3	4	5	6
C25 提供的产品或服务，满足法律最起码的要求	1	2	3	4	5	6
C31 遵守社会规范、道德和不成文的法律	1	2	3	4	5	6
C32 认可并尊重社会新的或不断变化的道德规范	1	2	3	4	5	6
C33 做符合伦理道德期望的事情	1	2	3	4	5	6
C41 参与农村社区的志愿和慈善活动	1	2	3	4	5	6
C42 为农村的文化教育机构提供援助	1	2	3	4	5	6
C43 有长期持续参加慈善公益活动的计划	1	2	3	4	5	6
C44 向慈善机构、公益活动捐赠	1	2	3	4	5	6
C45 参加公益组织或协会	1	2	3	4	5	6

（二）农业企业成长绩效

与同行业其他企业相比，我们公司：	
G11 净收益率（净收益/总销售额）	1. 很低　2. 较低　3. 稍低　4. 稍高　5. 较高　6. 很高
G12 投资收益率	1. 很低　2. 较低　3. 稍低　4. 稍高　5. 较高　6. 很高
G13 市场占有率	1. 很低　2. 较低　3. 稍低　4. 稍高　5. 较高　6. 很高
G21 净收益增长速度	1. 很低　2. 较低　3. 稍低　4. 稍高　5. 较高　6. 很高
G22 销售额增长速度	1. 很低　2. 较低　3. 稍低　4. 稍高　5. 较高　6. 很高
G23 市场份额的增长速度	1. 很低　2. 较低　3. 稍低　4. 稍高　5. 较高　6. 很高
G31 公司员工数量增长	1. 大幅压缩　2. 少量压缩　3. 稍有压缩　4. 稍有增员 5. 少量增员　6. 大幅增员

（续）

与同行业其他企业相比，我们公司：	
G32 公司员工士气	1. 很低　2. 较低　3. 稍低　4. 稍高　5. 较高　6. 很高
G33 公司总体竞争能力	1. 很弱　2. 较弱　3. 稍弱　4. 稍强　5. 较强　6. 很强
G34 未来持续经营 5 年以上的可能性	1. 很没信心　2. 较没信心　3. 稍没信心　4. 稍有信心 5. 较有信心　6. 很有信心
G35 未来持续经营 8 年以上的可能性	1. 很没信心　2. 较没信心　3. 稍没信心　4. 稍有信心 5. 较有信心　6. 很有信心

（三）农业企业社会资本

贵企业在履行企业社会责任的过程中，出现	完全不同意……完全同意					
E31 与工商税收等管制部门建立良好关系	1	2	3	4	5	6
E32 与金融机构建立长期合作关系	1	2	3	4	5	6
E33 与政府相关部门建立良好关系	1	2	3	4	5	6
E34 高层管理团队的社会交往更广泛	1	2	3	4	5	6
E35 与合作伙伴之间的信任水平提高	1	2	3	4	5	6
E36 与媒体新闻界建立良好关系	1	2	3	4	5	6
E37 与上下游合作伙伴建立良好合作关系	1	2	3	4	5	6

（四）农业企业履行企业社会责任的内外部环境状况

贵企业内外部环境的实际情况是	完全不同意……完全同意					
A11 企业的产品生产成本很低	1	2	3	4	5	6
A12 企业拥有先进的生产技术和设备	1	2	3	4	5	6
A13 企业能够迅速调整生产计划以应对风险	1	2	3	4	5	6
A14 企业具有很强的构建和维系农户关系的能力	1	2	3	4	5	6
A21 企业具有很强的构建和维系消费者关系的能力	1	2	3	4	5	6
A22 企业对市场需求的变化非常敏感	1	2	3	4	5	6
A23 企业具有很强的构建和维系分销商关系的能力	1	2	3	4	5	6
I11 本地保护农户、消费者、自然环境等方面的法规政策完善	1	2	3	4	5	6
I12 本地对政府官员的政绩考核标准主要是经济指标	1	2	3	4	5	6
I13 各级政府对违反社会责任的经营行为有严厉的惩罚措施	1	2	3	4	5	6

（续）

贵企业内外部环境的实际情况是	完全不同意……完全同意					
I14 各级政府通过各种形式宣传企业社会责任理念	1	2	3	4	5	6
I15 国家对公众反应的违反社会责任行为有迅速反应	1	2	3	4	5	6
I21 对社会负责的经营理念备受本地公众的推崇	1	2	3	4	5	6
I22 公众对企业负责任地对待利益相关者的行为非常赞赏	1	2	3	4	5	6
I23 企业所在的行业组织制定了企业社会责任准则	1	2	3	4	5	6
I31 业内企业因其社会责任履行较好而扩大了它的知名度	1	2	3	4	5	6
I32 公司从行业或职业协会中了解企业社会责任理念	1	2	3	4	5	6
I33 同行业的企业积极履行企业社会责任对本企业有深刻影响	1	2	3	4	5	6

第二部分：个人和企业背景资料

性别	1. 男　2. 女
年龄	1. 20～29 岁　2. 30～39 岁　3. 40～49 岁　4. 50 岁以上
职位	1. 基层管理人员　2. 中层管理人员　3. 高层管理人员
最高学历	1. 初中及以下　2. 中专或高中　3. 大专　4. 本科　5. 研究生及以上
行业经验（年）	
企业名称	
企业成立时间	
企业所有权	1. 国有企业　2. 集体企业　3. 民营企业　4. 外资（或合资）企业
企业所属行业	1. 种植　2. 养殖　3. 种子种苗　4. 农产品加工　5. 流通和市场 6. 饲料和添加剂　7. 农业服务　8. 综合　9. 其他
企业是否属于农业龙头企业	1. 是（A. 国家农业龙头企业　B. 省级农业龙头企业　C. 市级农业龙头企业）　2. 否
带动农户数（户）	
员工数量	1. 1～50 人　2. 51～100 人　3. 101～500 人　4. 500 人以上
年销售额	1. 100 万元以下　2. 100 万～500 万元　3. 501 万～1 000 万元 4. 1 001 万～5 000 万元　5. 5 001 万元以上
年所得税	1. 50 万元以下　2. 50 万～100 万元　3. 101 万～500 万元　4. 501 万～1 000 万元　5. 1 001 万元以上
资产总额（万元）	
企业是否有出口业务	1. 有（出口业务占营业收入的_____%） 2. 没有

（续）

请根据以下的描述指出贵企业处于哪个发展阶段？

1. 初创期：成立时间不久，成立成本巨大，产品没被广泛认可，利润几乎不存在
2. 成长期：企业被广泛认可，销售额和利润快速地增长
3. 成熟期：企业产品或服务结构稳定，销售额和利润增长速度稳定或稍微放慢

问卷到此结束，感谢您的耐心参与！

图书在版编目（CIP）数据

农业企业社会责任与企业成长关系研究／李韵婷著
．—北京：中国农业出版社，2022.6
ISBN 978-7-109-29430-1

Ⅰ.①农⋯　Ⅱ.①李⋯　Ⅲ.①农业企业－社会责任－
关系－企业成长－研究－中国　Ⅳ.①F324

中国版本图书馆 CIP 数据核字（2022）第 081347 号

中国农业出版社出版
地址：北京市朝阳区麦子店街 18 号楼
邮编：100125
责任编辑：王秀田　　文字编辑：张楚翘
版式设计：王　晨　　责任校对：沙凯霖
印刷：北京中兴印刷有限公司
版次：2022 年 6 月第 1 版
印次：2022 年 6 月北京第 1 次印刷
发行：新华书店北京发行所
开本：700mm×1000mm　1/16
印张：10.75
字数：200 千字
定价：68.00 元